半山立夏习俗

半山立夏习俗

总主编 陈广胜

浙江省非物质文化遗产代表作丛书

文闻 沈永良 编著

浙江古籍出版社

前 言

浙江省文化广电和旅游厅党组书记、厅长 *陈广胜*

中华文明在五千多年的历史长河里创造了辉煌灿烂的文化成就。多彩非遗薪火相传，是中华文明连续性、创新性、统一性、包容性、和平性的生动见证，是中华民族血脉相连、命运与共、绵延繁盛的活态展示。

浙江历史悠久、文明昌盛，勤劳智慧的人民在这块热土创造、积淀和传承了大量的非物质文化遗产。昆曲、越剧、中国蚕桑丝织技艺、龙泉青瓷烧制技艺、海宁皮影戏等，这些具有鲜明浙江辨识度的传统文化元素，是中华文明的无价瑰宝，历经世代心口相传、赓续至今，展现着独特的魅力，是新时代传承发展优秀传统文化的源头活水，为延续历史文脉、坚定文化自信发挥了重要作用。

守护非遗，使之薪火相续、永葆活力，是时代赋予我们的文化使命。在全省非遗保护工作者的共同努力下，浙江先后有五批共 241 个项目列入国家级非遗代表性项目名录，位居全国第一。如何挖掘和释放非遗中蕴藏的文化魅力、精神力量，让大众了解非遗、热爱非遗，进而增进文化认同、涵养文化自信，在当前显得尤为重要。2007 年以来，我省就启动《浙江省非物质文化遗产代表作丛书》编纂出版工程，以"一项一册"为目标，全面记录每一项国家级非遗代表性项目的历史渊源、表现形式、艺术特征、传承脉络、典型作品、代表人物和保护现状，全方位展示非遗的文化内核和时代价值。目前，我们已先后出版四批次共217册丛书，为研究、传播、利用非遗提供了丰富详实的第一手文献资料，这是浙江又一重大文化研究成果，尤其是非物质文化遗产的集大成之作。

历时两年精心编纂，第五批丛书结集出版了。这套丛书系统记录了浙江24个国家级非遗代表性项目，其中不乏粗犷高亢的嵊泗渔歌，巧手妙构的象山竹根雕、温州发绣，修身健体的天台山易筋经，曲韵朴实的湖州三跳，匠心精制的邵永丰麻饼制作技艺、畲族彩带编织技艺，制剂惠民的桐君传统中药文化、朱丹溪中医药文化，还有感恩祈福的半山立夏习俗、梅源芒种开犁节等等，这些非遗项目贴近百姓、融入生活、接轨时代，成为传承弘扬优秀传统文化的重要力量。

在深入学习贯彻习近平文化思想、积极探索中华民族现代文明的当下，浙江的非遗保护工作，正在守正创新中勇毅前行。相信这套丛书能让更多读者遇见非遗中的中华美学和东方智慧，进一步激发广大群众热爱优秀传统文化的热情，增强保护文化遗产的自觉性，营造全社会关注、保护和传承文化遗产的良好氛围，不断推动非遗创造性转化、创新性发展，为建设高水平文化强省、打造新时代文化高地作出积极贡献。

目录

　　杭州市拱墅区地处京杭大运河最南端，承续着运河滋养下的风土人情，呈现了运河文化的深厚底蕴。全域以大运河文化带和半山立夏民俗文化圈为重点区域，构建了整体性保护格局，在运河畔唱响"春走大运、夏品民俗、秋逛庙会、冬赏花灯"的文化四季歌，为非物质文化遗产保护创造了良好的传承条件和实践环境。

　　立夏习俗传承地半山，位于区内北部的皋亭山脉，旧时，民众多种植水稻、植桑养蚕，是典型的江南农耕文化聚集区。千百年来，在长期的生产生活实践中，积累了丰厚的节气知识，形成了独特的风俗，"立夏"成为当地人最重要的节气。立夏当天要举行"送春迎夏"仪式，立夏尝新，吃乌米饭、喝七家茶，还要称人，孩子们烧野米饭、斗蛋、做泥猫，老百姓参与的积极性非常高，祈求身体康健，平安度夏。

　　拱墅区皋亭文化研究会积极挖掘整理半山历史文化，在半山娘娘庙周边的小广场组织立夏民俗活动，2012 年起，拱墅区人民政府每年主办半山立夏节活动，十多年来，不断推进该项目的保护研究和传承传播，将传统民俗与现代生活相结合，融入非遗展示、庙会市集、跑山迎夏等内容，活动更加丰富，参与的群众一年比一年多。2016 年 11 月，"二十四节气"列入联合国教科文组织人类非物质文化遗产代表作名录，拱墅区成为我国"立夏"的主要保护地。这几年，我们更深切感受到立夏习俗已融入老百姓生活的方方面面，进一步增强了文化自信和文化自觉，"到拱墅半山过立夏"已成为杭城百姓的习惯和风尚。

如今，以代表性传承人为核心、拱墅区皋亭文化研究会为主体的保护传承群体以及半山街道、拱墅区三级联动保护机制已经建立起来，形成了保护传承的合力。在拱墅，有二十四节气主题公园、立夏展示中心，有图书馆二十四节气书籍专区，有二十四节气主题非遗美食，还有节气进校园、节气手工艺体验等等活动，全民参与的氛围已经很浓厚。另外，通过持续性的调查，举办研讨论坛，与高校合作研究，积累了不少成果。通过媒体平台宣传展示，央视拍摄播放的《半山的夏天》以及《半山乌米饭》等专题片起到了很好的传播效果，H5立夏民俗小游戏、二十四节气有声读物等云端体验，让半山立夏习俗的线上传播面更广。

半山立夏习俗的有效传承，是继承中华优秀传统文化的生动实践，是致敬天人合一中华思想的最美礼赞。拱墅区将继续深入挖掘传统文化，统筹做好半山立夏习俗保护传承利用文章，更好呈现共同富裕美好图景，让非物质文化遗产在拱墅温情传承，生生不息。

杭州市拱墅区文化和广电旅游体育局党组书记、局长　高晓岚

2023年1月

一、概述

立夏，我国二十四节气中的第七个节气，夏季的第一个节气，交节时间在每年公历 5 月 5 日或 6 日。此时北斗七星的斗柄指向东南方，太阳黄经达 45 度。立夏，是标志着大自然的万物进入旺季生长的一个重要时期。古人云：『春生，夏长，秋收，冬藏。』时至立夏，万物繁茂。半山立夏习俗是半山民众世代相传的风俗习惯，彰显出顺应天时、祈福迎祥的美好愿望。

一、概述

　　立夏，我国二十四节气中的第七个节气，夏季的第一个节气，交节时间在每年公历 5 月 5 日或 6 日。此时北斗七星的斗柄指向东南方，太阳黄经达 45 度。立夏，是标志着大自然的万物进入旺季生长的一个重要时期。古人云："春生，夏长，秋收，冬藏。"时至立夏，万物繁茂。半山立夏习俗是半山民众世代相传的风俗习惯，彰显出顺应天时、祈福迎祥的美好愿望。

半山立夏习俗

　　半山立夏习俗传承地杭州市拱墅区半山，自然资源丰富，历史悠久，人文积淀深厚，远在四五千年前的新石器时代晚期，杭州先民就已经在半山一带繁衍生息。唐宋以来，由于杭州政治、经济、文化发达，作为杭城北郊要塞的半山，也得以繁荣发展。

　　半山立夏习俗源于汉代帝王迎夏祭祀仪式，大约在五代时期，已有立夏吃乌米饭的生活饮食习俗。南宋以后尤其是明清时期，蚕农在半山上的娘娘庙求神祈蚕，举行了农历二月初八桑秧会、三月初三蚕花节、五月初一娘娘诞辰日三大庙会，热闹非凡，场面壮观。立夏时节正值三大庙会期间，立夏之俗也随之兴盛。

　　旧时，半山立夏有盛况空前的"送春迎夏"习俗，"燃香灯、

2019年5月6日半山立夏节"送春迎夏"巡游

驱五毒"，大纛旗开路，一路巡游，锣鼓喧天，围观者甚众。此时，散落在村庄的每家每户开始做乌米饭，立夏吃了乌米饭，不会疰夏，可避蚊虫叮咬，保一夏平安。村民在这一天，会带着自产农产品进行交易，开展物资交流，储备生产、生活用品。各路民间艺人设场表演社戏，走高跷、打莲湘、杂耍等。

半山老灶头烧乌米饭

儿童成群结队到田间采蚕豆、地头挖竹笋、溪间抓小鱼，向邻里各家乞取米和咸肉，然后到野地里去用残砖碎石支起锅灶烧制，称为吃"野米饭"。称人是立夏日必不可少的项目，按照旧俗，称人

敲锣打鼓迎立夏

时司秤人一面打秤花，一面讲着传统的吉利话，称了体重之后，不怕夏季炎热，也不会病灾缠身。

立夏节烧野米饭

随着生产生活方式的改变，加之半山娘娘庙损毁殆尽，人们心灵无所依存，立夏习俗也渐渐被人遗忘。为了

立夏称人

对传统的保留和延续，同时倪姓家族更有一种对半山娘娘的朝拜需求，以及民间信仰在本地依旧深厚，有"庙"才能有"庙会"，20世纪90年代，半山当地村民在半山娘娘庙遗址下500米处，原财神庙的遗址上重建半山娘娘庙。2002年5月拱墅区皋亭文化研究会成立，挖掘整理半山历史文化。2007年立夏日，拱墅区皋亭文化研究会举办半山立夏活动，并产生了广泛的社会影响。自

2012 年立夏日始，由拱墅区政府主办半山立夏节活动，区政府相关部门、半山街道办事处与拱墅区皋亭文化研究会共同承办，到 2022 年，连续举办了十一届。除了传统民俗活动外，还有民间艺术表演、非遗市集、半山运动嘉年华、跑山迎夏等贯穿其中，传统民俗与现代生活相结合，"立夏节"活动趣味盎然，声名远播。2016 年 11 月，"二十四节气——中国人通过观察太阳周年运动而形成的时间知识体系及其实践"列入联合国教科文组织人类非物质文化遗产代表作名录，拱墅成为"立夏"的主要保护社区。半山立夏习俗在实践中形成了拱墅特色，凸显了社会价值，传承保护工作有序、有力、有效推进。

半山立夏民俗活动场景

[壹] 半山的人文地理

拱墅区位于京杭大运河最南端，内河航运十分发达，总面积119平方公里。位于拱墅区东北的半山，山水资源独特，人文资源积淀深厚，地域文化特色鲜明。

（一）地理位置

半山立夏习俗主要传承地——拱墅区半山街道，位于杭州市主城区东北部，东连上城区丁兰街道，南与拱墅区石桥街道相邻，西南与拱墅区上塘街道毗连，西与拱墅区康桥街道接壤，西北与临平区崇贤街道和星桥街道交界。2022年末，半山街道人口9.95万，其中户籍人口4.1万，流动人口5.85万。

拱墅区位于京杭大运河南端

半山风貌

　　半山气候温和湿润，属亚热带季风区。年平均气温 16℃，最冷月（1月），平均温度 2℃左右，最热月（7月）平均温度 30℃。年降雨量为 1480 毫米，主要集中在三至四月和七至九月两季。土壤呈中性，宜种水稻、络麻等。

　　半山，主峰海拔 283 米，半山地形呈倒三角形，地势东高西低，自西南向东北山脉相连，半山、老虎山、青龙山、黄鹤山、凤凰山（母山）绵延十余里。南麓上塘河穿境而过，形成一道天然屏障而成为杭城东北部水路交通要道。唐末钱镠任杭州刺史，设城于皋亭山（半山），直至近代半山西北古城山的钱王寨址，还隐约尚存。《寰宇记》载："皋亭山在县东北二十五里，山上有石城，周围十里。"即指此地。《仁和县志》载："古城山在巧山东北，石姥峯西南，高十余丈，周长一里。宋韩蕲王立将台于山上，今其基尚存，山下周围皆驰马角艺之区也，俗名磨盘。"康熙《仁

半山山脉

杭州半山国家森林公园

和县志》卷二："皋亭黄鹤诸山极盛，南渡兵兴，设置戎垒而古迹亡。"宋末年，元军统帅伯颜进驻皋亭山，在桃花坞安营扎寨，民族英雄文天祥奉命前往驻扎在半山（皋亭山）元营与丞相伯颜抗论，伯颜竟将文天祥扣留在元营。南宋投降后，元军将文天祥押解大都（北京），途中文天祥愤然作诗："长安不可诣，何故会皋亭？倦鸟非无翼，神龟费自灵。乾坤增感慨，身世付飘零。回首西湖晚，雨余山更清。"途经镇江时，文天祥在船工相救下，从元营逃脱。明初，明太祖遣将帅平浙，命总兵李文忠取杭州，兵至富阳，分三路进城，屯兵余杭，曾遣部将茅成驻兵半山。

　　杭州半山国家森林公园，总面积1002.88公顷，半山顶上的望宸阁与城南吴山城隍阁遥相呼应，登高远眺，可见杭城风貌，望宸阁已成为杭城北部的新地标。

半山国家森林公园门口的半山碑记

（二）独特的山水资源

半山街道山水资源极为独特。半山之东南麓，古代系海湾，因渔民经常在此晒网，故称晾网山，唐朝时称皋亭山，因山麓有亭，故曰"皋亭"。清《湖壖杂记·半山》载："半山即皋亭山，有娘娘庙在山之半。"

昔日之半山，前后皆桃，自东南向西北，烂漫十余里，山中人栽之，售其果为生，有坞即以桃花名。《湖壖杂记》言半山为湖墅三胜之一，名为"绛雪"。阳春三月，桃花盛开，朱霞绮丽，红粉争艳，望之若云霞一片，令人陶醉，杭城专有香会组织，一时游船云集，多泊淳裕、万安两桥下，于半山龙池墩境畔停挠。山脚的旧桃源，宋时为桃花最盛处，源傍有一寺，寺前有一溪横亘，名曰板桥（今阔板桥社区）横溪，景色宜人。沿山间小道，由西向东，山腰有一亭（云锦亭），从这里

春天的依锦桥

眺望西湖，天目诸山环列，远峰迭翠，如幻云、似碎锦，绚丽夺目。按倪氏古云锦亭碑记云：殿之西南隅，有云锦亭匾额及清初毛先舒的题诗。

半山山顶，冬日常有积雪，自湖墅望之，宛如玉柱，故有"皋亭积雪"之名，为湖墅八景之一。山之东麓有石浸涧，水色莹如白玉。宋代诗人苏轼曾来此一游，并赐七绝诗："东麓云根露角牙，细泉幽咽走金沙，不堪土肉埋山骨，未放仓龙浴渥洼。"清康熙年间，词人王嗣槐《皋亭竹枝词》曰："女儿家住半山头，日对门前

上塘河（半山段）

溪水流。忽见桃花溪口落，无心更上半山楼。"半山原是一个风景区，自东南自西北，曾有旧桃源、云锦台、眼网山（晾网山）、亚父山、金鹅顶、结集岩、梳妆台、游龙洞、浴龙池、喷玉泉、冯氏井、罗纹石十二胜景。旖旎风光，锦绣山色，虽不能同西湖相比美，但群山巍峨挺拔，雾霭萦绕，更兼庙宇点点，流水潺潺，吸引了众多的文人香客。每年二月到四月，来此春游或进香一时成了杭城风俗。

在清朝诗人的诗集里，记游半山的诗词杂文很多。郁达夫约友人到半山游览后题诗道："半堤桃柳半堤烟，急景清明谷雨前。

相约皋亭山下去，沿河好看进香船。"这位近代的著名文学家、诗人曾在游记中感慨："至少至少在清朝的乾嘉道光距今百余年前，杭州人好游的，没有一个不留恋西溪，也没有一个不披蓑戴笠去看半山（即皋亭山）的桃花，超山的香雪的。"

半山穿境而过的上塘河，是杭州地域内有史书记载的第一条人工开凿的运河，为杭州运河历史文化的源头，春秋吴越争霸称为"越水道"。隋炀帝又对这条水道拓宽疏浚。唐代称为夹塘河，宋代则称为上塘河，此名沿袭至今。当年上塘河的交通运输曾十分繁

半山桥畔文天祥塑像

显宁寺

忙。一直到元末张士诚开凿新运河，改道从塘栖经江涨桥入城，上塘河才成了江南运河的支流。凭借运河水道的便捷，半山娘娘传说在江南运河水系，乃至浙东运河水系迅速流播，水运文化对半山立夏习俗等诸多民风习俗的形成、延续和兴盛有很大的影响。

（三）丰厚的人文资源

20 世纪 50 年代末在半山考古挖掘"半山水田畈遗址"，面积约有一百多万平方米（相当于 1500 亩），其中有房舍遗址，水沟坑，灰坑痕迹和三个墓葬，还有多种植物种子和一些生活用的陶器等。由此表明：远在四五千年的新石器时代晚期即良渚文化时期，

半山国家森林公园里的半山娘娘浮雕

杭州的先民就已经在半山水田畈等地生息繁衍，从事着原始的农业和渔业生产。

半山周围还有不少古墓葬，发现的文物有原始瓷甬钟、琉璃、玛瑙、玉玦、陶权、玉璜、玉虎、青玉勾云纹壁，还发现了一柄刻有"越王之子"的玉剑格。1990年，半山石塘出土了2500多年前的战国水晶

半山石塘村出土的战国水晶杯

杯，现藏于杭州博物馆，成为镇馆之宝。

半山是杭城帝王将相遗踪遗事众多之地。相传秦始皇当年抵达钱唐县，先在半山南的诏息湖（阼湖）逗留后，自沿山港、泛洋湖、上塘河入钱唐（今杭州）。唐代，杭州刺史白居易赴皋亭神庙祈雨以解杭州干旱之苦。五代十国，半山沈家桥有一座小山叫龙珠山，传说吴越王钱镠在石塘江家村自然村"钱王寨"期间恰逢七夕，于是就近登上龙珠山，观看乞巧。南宋时，宋高宗也曾在七夕驾幸此山乞巧。于是，此山更名为巧山，一直到现在还称这为"巧山"。北宋，徽宗皇帝赐半山西北刘文村境内的刘正夫功德院"显宁永报禅寺"额。南宋，高宗皇帝赐半山南麓韦氏太后功德院"崇先显孝禅院"额，且常在寺内的万工池洗手，而此池被称为浴龙池。

半山曾有三塔，一为上塔，建于宋朝，久废，清康熙年间重建，塔以唐末首创云栖寺之僧伏虎禅师为名，亦名伏虎禅师塔，也称伏虎院。中塔为清了禅师塔，建于宋朝，宋绍兴初赐号悟空塔，名静照，亦名悟空院。元军曾掘开清了之墓，见二缸相合，其尸端坐不化，仍封闭之。下塔，即柳翠修道归真塔，塔院则为宋绍兴年间僧杲塔院，亦名月明庵。清文学家，乾隆进士吴锡麒曾有诗曰："曙色起峰顶，花枝香生寒。遥看湛虚白，疑是山月残。"描述了此庵当时的情景。

半山寺庙庵院众多。坐落在半山前后的寺庙庵院，曾不下 40 余座，香火鼎盛，钟声不绝。最负盛名的要算撒沙夫人庙，杭人称撒沙夫人为半山娘娘，前来进香者甚多。其次位于半山脚西南的崇光寺，也是半山颇具名声的寺庙之一。相传为宋高宗母亲韦太后的功德院。绍兴二十八年（1158）受赐"崇光显孝寺"额，嘉定十二年（1219），宁宗赐皇帝改"禅"字为"教"字，并御书"崇光显孝华严教寺"八字。显宁寺，据史料记载，原为"宋少宰刘正夫功德院"，宣和五年（1123）赐"显宁永报禅寺"额。相传南宋时期高僧"以显宁寺为宫"，并在此留有遗踪。明崇祯年间澹予大师主持重建寺院。清代徐士俊有《皋亭显宁寺志》。2004 年，具有一千多年历史的显宁寺列为杭州市第一批历史建筑保护名单，经保护性修缮后于 2019 年 11 月对外开放。

在半山一带民间历来对老祖宗传下来的"四时八节"习俗很讲究，几乎一月到十二月都有传统习俗。农历正月初一至初五，要拜年祝福，宴请亲朋好友，年糕圆子当点心，初五凌晨，商店接财神，到庙里拜财神，放生鲤鱼；元宵节，吃汤团、看花灯；三月清明，祭祖扫墓，吃清明圆子，准备育蚕及布谷等农事，农家遍请各路神祇，灶家菩萨、天菩萨、土地菩萨、财神菩萨、娘娘菩萨，青年男女要赴半山庙会"轧蚕花"；立夏节吃乌米饭、称人；五月端午吃粽子，给孩子穿老虎衣，额上用雄黄写"王"字，

挂香袋，吃"五黄"，黄鳝、黄鱼、黄瓜、咸鸭蛋、雄黄酒，门前
挂菖蒲，室内烟熏消毒，看半山上塘河上龙舟竞渡；七月十五晚
上，各社放焰口；七月三十日，地藏王生日烧地藏香，家家遍地
烧香烛、挂香球、放河灯；八月中秋，吃月饼，拜月亮菩萨；九
月重阳，上半山登高，吃栗糕；冬至，祭祖扫墓，吃熟粉圆子；
十二月，打年糕，办年货，准备过年；腊月二十三送灶家菩萨上
天，供品中少不了糖塌饼，可以糊住灶家菩萨的嘴，不让灶家菩
萨向玉帝说他家的坏话；年终，吃年夜饭（团圆饭），给孩子分压
岁钱，点蜡烛守岁。在民间，整年节日不断。

　　半山这片古老而又神奇的山地，得天独厚的自然地理、气候
条件和丰厚的人文历史环境，造就出独特的人文景观和民风民俗，
半山立夏习俗也就这样顺应天时，一代一代传下来了。

[贰] 半山立夏习俗的历史渊源

　　据民间传说和文献记载，大致在五代时期，杭州半山一带
已有立夏吃乌米饭的习俗。明代《西湖游览志余》有关于立夏喝
"七家茶"、尝新等记载。清代，立夏习俗更加丰富。《江乡节物诗
序》有记载立夏吃乌饭、立夏称人，并云："杭俗立夏，门悬大秤，
男妇皆称之，以试一年肥瘦。"《杭俗遗风》记载有"乌饭糕、夏
饼""抖夏夏米"（烧野米饭）之俗，又有"三烧""五腊""九时
新"之说。民国时《杭县志稿》也有立夏习俗详细叙述，习俗内

容更加完备。

半山立夏习俗的起源受到汉代帝王迎夏祭祀、隋唐和南宋时期杭州官员向皋亭庙神祈雨祭祀，以及南宋以后尤其是明清时期蚕农到半山娘娘庙祈蚕的影响。

《杭俗遗风》中关于立夏日的记载

（一）汉代帝王迎夏祭祀仪式的影响

两汉时期，立夏之日，帝王带领官员举行迎夏祭祀炎帝和祝融的仪式，君臣的服装和配饰以及马车旗子的颜色全是红色。汉《礼记·月令第六》记载，立夏之日，帝王亲自率领丞相、太尉和御史等官员到南郊迎夏，并举行祭祀炎帝、祝融的仪式。南朝《后汉书·祭祀志》载："立夏之日，迎夏于南郊，祭赤帝、祝融，车旗、服饰皆赤。"上至天子诸侯，下至黎民百姓，反映了先民顺应

天时、期盼丰收的天人信仰。帝王迎夏祭祀对半山立夏习俗的民间祭祀仪式产生了较大影响。

（二）隋唐和南宋时期杭州官员皋亭神庙祈雨的影响

古代杭州多山田，涝不为害，所以少祈晴，多祈雨。凡遭遇天旱，官府就要昭告皋亭庙神祈雨，期盼风调雨顺，五谷丰登。半山西南的皋亭神庙，隋唐时期就已成为官府求神祈雨之处。隋开皇十四年（594）大旱，杭州刺史刘景安邀请真观法师在皋亭神庙诵讲《法华经》，祈求陈顼神降雨。唐长庆二年（822）夏，杭州少雨干旱，田土龟裂，禾苗连片枯萎，重困民众。杭州刺史白居易心急如焚，为解除民众备受干旱之苦，赴吴山城隍庙向伍相神祈雨，虽神灵的应验日期已到，然而雨却一滴没下。第二天，白居易又亲自前往皋亭神庙祈雨，以酒乳香果昭告陈顼神，在《祈皋亭神文》中写道："今请斋心虔告，神其鉴之。若四封之间，五日之内，雨泽霑足，稼穑滋稔，敢不增修像设，重荐馨香，歌舞鼓钟，备物以报。"南宋绍兴十九年（1149），朝廷赐皋亭神庙"灵惠庙"额；庆元六年（1200），都城临安（今杭州）遭受干旱，官府派员前往灵惠庙敬告神灵，祈求降雨应验。南宋咸淳《临安志·祠祀二·鲍簧〈灵惠庙记〉》有记载："国朝绍兴十九年，赐灵惠庙为额。庆元六年，以祷雨验，封福顺侯，累封至嘉熙四年为慈祐公，又累至淳祐十二年为慈祐福善昭应公。"

隋唐与南宋时期，杭州官员赴皋亭神庙祈雨祭祀为官民共同愿望，久而久之，到半山祈求风调雨顺、蚕茧丰收的活动渐渐形成，为半山立夏习俗的产生提供了客观的社会条件。

（三）南宋以后尤其是明清时期蚕农到半山娘娘庙祈蚕的影响

始建于南宋初期的半山娘娘庙（本名撒沙夫人庙），是杭城唯一一所由皇帝敕封的民间神道信仰庙宇。据明胡世宁《撒沙夫人庙记》记载，南宋朝廷定都临安（今浙江杭州），高宗皇帝首次颁布祭祀典礼制度，敕封生前尚未出嫁的倪氏闺女为"撒沙护国显应半山娘娘"。于是，建庙塑像。每年清明至五月初一娘娘诞辰日，

半山娘娘庙遗址

半山娘娘庙遗存"扶宋室"残柱

来自江浙等各地的香客及游客前往半山娘娘庙敬香祭祀，场面壮
观，声名远播。明翁汝进《重建撒沙夫人庙碑记》记载，皋亭山
峰环绕耸立，有半山娘娘庙，名声盛大，远处和附近的人前去祈
祷，庙宇的香火最为旺盛。如果是三月至五月景色最美的时节，
城里和乡村的男女结伴而来瞻仰朝拜半山娘娘神，殿宇台阶前的
平地上似乎已无立脚之地。清康熙《仁和县志》记载，每逢清明
时节，皋亭山远处和附近养蚕人家的妇女，都要去半山娘娘庙祭
祀娘娘神，祈求蚕事丰收和在蚕事完毕后谢神，来来往往，接连
不断。半山娘娘庙是江浙地区尤其是杭嘉湖等地蚕农祈蚕的圣地

半山娘娘庙

之一，并形成了"农历二月初八桑秧会、三月初三蚕花节、五月初一娘娘诞辰日"三大庙会，每个会期都要持续三天以上，运河舟船便利，乡民争相上山入庙，极为热闹。立夏时间正值三大庙会期间，集祭祀、娱乐、贸易于一体的庙会带动了立夏之俗的兴盛。

半山娘娘庙几经毁葺，命运坎坷。明嘉靖三年（1524）重建。百余年后，崇祯六年（1633），又一次重建半山娘娘庙。道光九年（1829），半山娘娘庙山门焚毁，十九年（1839），125名信士募资

2007年，拱墅区皋亭文化研究会组织立夏活动

捐物重建山门。光绪三年（1877），庙宇重修，庙内有记载修建的石刻，十年（1884）铸有巨钟，二十一年（1895）前，堂宇尽毁。1934年，郁达夫游历皋亭山，看到正殿三间，虽倾颓灰黑了，但后面的观音堂，却是新近粉刷过的。抗战后期，娘娘庙被侵华日军炸毁。邵祖平在《皋亭山纪游》中对娘娘塑像进行了描绘："神像头缀珠冠，绯服绿裳，笄珈委佗，威仪甚丽，视雄毅而黑硕者远过矣。"新中国成立初，仅剩的建筑物因年久失修倒塌，然遗址香火延续不断，立夏习俗由各家各户分散进行。20世纪90年代，

半山娘娘庙重建后，庙会的内涵不断延伸、内容更加丰富，半山立夏习俗在传承中焕发出了新的生机和活力。

二、半山立夏习俗主要形式和内容

半山立夏习俗也是春夏转换节点当地民众的生产生活中所遵循的传统习惯，以及对美好生活的向往和追求。主要形式和内容包括节令信俗仪式、节令游艺习俗、节令饮食习俗、交易集市等。

二、半山立夏习俗主要形式和内容

立夏一般在每年公历 5 月 5 日或 6 日,《月令·七十二候集解》:"夏,假也,物至此时皆假大也。"立夏的"夏"是"大"的意思,是指春天播种的植物要快速生长了。古人将五天称为"一候","三候"为一个节气,所以一个节气又被称为"三候"。因此

夏天到了,小荷才露尖尖角

立夏三候是指立夏节气这段时期内将气候与大自然现象细化的三个阶段：立夏之日蝼蝈鸣、又五日蚯蚓出、又五日王瓜生。立夏三候是古时人们依据观察经验，掌握立夏时期动植物的规律，得到的"看天吃饭"的智慧结晶。

一候蝼蝈鸣：立夏之日蝼蝈鸣。按东汉郑玄的解释，蝼蝈为蛙类，非蝼蛄。立夏鸣的是一种色褐黑的蛙，半山人叫田鸡。事实上，关于蝼蝈一直是有争议的，青蛙、蟾蜍、蝈蝈、蝼蛄等说法都有，但是许多专家都倾向是蛙，谚语云："三月田鸡叫，犁头朝上翘；四月田鸡叫得响，田里好划桨；八月田鸡叫，叫一声落一场；九月田鸡叫，十月水遥遥。"随着蝼蝈的齐鸣，夏天的味道浓了。

二候蚯蚓生：立夏后五日，蚯蚓生。蚯蚓又名蛐蟮，蟮长吟于地下，感阴气而曲，乘阳气而伸见。蚯蚓是挖土育肥的益虫。《荀子·劝学》云："蚓无爪牙之利，筋骨之强。"蚯蚓是地地道道的阴物，生活在潮湿阴暗的土壤中，当阳气极盛的时候，蚯蚓也会热得不耐烦，拱出泥土来透透气。

三候王瓜生：再五日，王瓜生。此王瓜又名土瓜，而非黄瓜。此瓜瓜似雹子，熟则色赤，鸦喜食之，故称"老鸦瓜"。王瓜是爬藤植物，在立夏时节快速攀爬生长，立夏三候王瓜已经长大成熟，并进入采摘季节。

半山立夏习俗也是春夏转换节点当地民众的生产生活中所遵循的传统习惯，以及对美好生活的向往和追求。主要形式和内容包括节令信俗仪式、节令游艺习俗、节令饮食习俗、交易集市等。

[壹] 节令信俗仪式

半山立夏节令信俗起源于半山娘娘信仰，半山娘娘庙会等元素融入半山立夏习俗中，形成了一个多元文化为载体的节令信俗仪式。

（一）立夏日祭祖

立夏日祭祖表达了半山倪姓家族对祝融以火施教、为民造福，以及对倪氏闺女半山娘娘生前坚守贞节的志气和死后忠魂复国品行的崇拜和颂扬。每逢立夏日，半山倪氏家族去半山娘娘庙祭祀祝融和半山娘娘已成为一种"约定俗成"。

祝融，名重黎，黄帝后裔高阳氏的玄孙。帝喾高辛氏时，任官职火正，以火施教，为民造福。帝喾命名"祝融"。受封于有熊氏故墟（今河南新郑一带），葬于衡阳市南岳区祝融峰，后世尊为火神。

半山娘娘，据明胡世宁《撒沙夫人庙记》和清《湖壖杂记·半山》等记载，姓倪，名不详，生于约北宋正和六年至七年（1116—1117）间，仁和（今浙江杭州）人，居住在半山（皋亭山）下，据《杭州市半山区地名资料汇编》载："相传北宋末年，战祸四

起，民不聊生，倪氏闺女
逃难来此，饥寒交迫，本
地群众看她可怜，都同情
和帮助她，就住在胡世宁
庙中。一天，宋朝康王赵
构南渡，逃到此地，为避
金兵，躲于此山，金兵迫
至，逼问倪氏闺女，康王
躲于何处？倪氏闺女坚不
肯告，遂被金兵杀害。金
兵大驱南逐与宋军相会，
神显灵助阵，狂风大作，
向北扬沙，金人目尽瞀，
宋兵鼓勇前击，俘斩无
数。高宗即位，首崇祀典，
遂敕封撒沙护国显应半山

半山娘娘画像

娘娘，庙后附近还有娘娘墓，墓前立有石碑。"

　　世人对半山娘娘生前坚守贞节勇救康王给予了高度赞扬。明
胡世宁在《撒沙夫人庙记》中写道："夫忠勇，乃丈夫事也。娘娘
于未笄弱质，颠连濒死。宁弃草莽，守志不移。其贞洁既凛凛于

半山娘娘庙内场景

生前，而忠魂复国更显扬于殁后。古谓忠孝萃于一门，今则忠贞萃于一身矣。"重建于清道光十九年（1839）的半山娘娘庙山门的石刻楹联："障半壁之江山，撒沙助阵，南宋首崇祀典；拯四方之疾痛，佑民福国。皋亭久著神灵"，更是民众崇拜集忠贞于一身的半山娘娘的最好写照。南宋高宗皇帝敕封已去世的倪氏闺女"撒沙护国显应半山娘娘"，使其神位得到尊崇，建庙塑像祭祀又使半山娘娘的神灵得到归宿，因而更加受到民众的普遍崇拜，故逐渐演变成为保护神，民众对半山娘娘朝拜的风俗经久不衰。以前每年清明前后半山为香火最盛时刻。杭嘉湖一带农村妇女，来进香祈祷蚕安，络绎不绝，每日不下万余人。

在民间，半山娘娘被认为是掌管蚕桑丰收的蚕神，也是半山

乌米饭敬献半山娘娘

倪氏家族的祖先，半山民众向来有慎终追远的传统，过节总不会
忘记祭拜祖先。

半山倪氏后人每年于立夏日祭拜娘娘，仍依旧例举行。虔诚
的香客闻讯后也会远道而来，提早一天"宿山"。庙里提供斋饭
（早饭、午饭），大家享用后会主动付出香火钱。祭期临近，半山
倪氏族长召集有关人员，讨论确定主持人、主祭人、陪祭人、读
祭文人以及祭祀时间、执事人等。通知发出后，倪氏后裔都会参
加祭祀活动。

半山娘娘祭祖的仪式完整，组织严密，但随着时代的发展，
现在已经化繁为简了。祭祀活动一般安排在立夏到来的具体时间
节点，并在当天上午进行送春迎夏活动，时间紧凑、内容连贯。

半山娘娘庙内祭祖

1. 祭品种类

立夏祭祖祭品于立夏日前一天组织人员精心准备完毕，品种与数量繁多，食材品质上乘，规格与花色多样。"三牲"祭品有猪、牛、羊，或猪头、鸡、鱼；米糕祭品有乌米饭、立夏饭、糕、饼、粽、米团等；蔬菜祭品有蚕豆、豌豆和竹笋等；水果祭品有樱桃、青梅和杏子等。

立夏祭祖祭品分为7组：

第一大组为三牲：猪头、公鸡、鲤鱼，共3盒。

第二大组祭品主要是半山乌米饭和立夏饭。乌米饭用上等的糯米，南烛叶搓汁烧制而成，将半山立夏乌米饭垒成宝塔状，再插上南烛叶和时令红樱桃点缀，用二十四副木制盒盛装，共5盒。

第三大组为糕饼：立夏蚕茧糕、立夏饼、方糕、粽子、喜米团和子孙饭，用一盖一底双份盛装，共12盒。

第四大组为蔬菜：吉祥蚕豆串、豌豆、竹笋、黄瓜、苦瓜和玉米，共6盒。

第五大组为水果：樱桃、青梅、杏子、香蕉、橘子和覆盆子（野草莓），共6盒。

第六大组为干果等：长寿果（带壳花生）、红枣、桂圆、荔枝、开心果和糖果，共6盒。

第七大组为酒水等：酒（6杯）、七家茶（3杯）、纯净水（1杯）。另外还有五

祭品

谷杂粮（5盒）、撒福果子（5盒）。

2. 祭祖流程

立夏日祭祖仪式在半山娘娘庙的娘娘殿内举行，娘娘塑像前的祭台上摆放火神祝融像，点亮蜡烛，各种祭品分组，有序摆放在规定位置。

基本流程为：主持人主持，宣布立夏日祭祖仪式正式开始。首先，由拱墅区皋亭文化研究会会长敬献佳肴并点燃香烛。其次，由半山倪氏长者诵读祭祖文。再次，全体参加人员恭敬地向祝融像和半山娘娘塑像行三鞠躬礼。最后，焚烧纸钱。

祭祖仪式

倪氏祭祖文

（二）送春迎夏仪式

立夏之日，半山一带礼俗要备酒食送春迎夏，与官方迎夏的严肃隆重相比，民间迎夏仪式显然更为生动活泼。当地民众身着红色传统服饰，祭拜炎帝、祝融，礼敬流传 800 余年的半山娘娘，共同迎接夏天的到来。送春迎夏仪式既呈现出农耕时期半山民众顺应天时，期许农作物不受夏季自然灾害影响而茁壮成长的生活生产景象，又表达民众期盼获得安全感和幸福感的美好愿望。

1.送春仪式

送春迎夏仪式队列人员：杭州市拱墅区皋亭文化研究会会长、半山立夏习俗传承人、大纛旗手、提炉队、开道灯队、开道锣队、

送春迎夏活动布列阵势

开道鼓队、鼓乐队、蚕花姑娘轿子队、蚕娘队、食盒队、旗袍队、莲湘队、二十四节气传承人队等共有 13 个方队组成，200 余人。

立夏日上午，送春迎夏仪式列队在半山国家森林公园十二生肖景点集结。主持人说："立夏树叶响，一片桑叶一片鲞。春播夏长，秋收冬藏。天地循环，周而复始。数千年来，二十四节气，指导我们的农业生产和生活作息，为中华民族的繁衍生息发挥巨大的作用。现在，我宣布送别春天，迎接夏天的到来，愿我们的生活，更加美好。"全体列队人员齐呼："越来越好！"

送春仪式

2. 队列巡游

送春仪式结束后，列队依次有序地开始向半山娘娘庙西南侧的祭祀台行进。杭州市拱墅区皋亭文化研究会会长和半山立夏习俗代表性传承人走在列队的前面，以示带头履行保护单位责任及传承人义务，积极开展传承保护活动。

大纛旗手，高举6米的旗杆，三角红旗迎风招展，上下两边有黄色齿牙边，旗面上写有"送春迎夏"四个黄色大字，烘托出迎夏喜庆和热烈的气氛。

旧时提炉人在两手臂下侧的皮上扎入小铁钩挂着小锡炉，故

送春迎夏仪式上臂挂"肉鼎灯"

俗称为"肉鼎灯"，寓意自身与家国皮肉相连，不可分割。"鼎"被视为立国重器，是国家与权力的象征。如今的提炉队，改为手提，同样体现出半山民众有国才有家的爱国情怀。

开道灯队，预告民众在入夏后要增强安全意识，加强自我保护，免遭夏季频发的雷电、暴雨、大风、洪涝和高温等自然灾害。

开道锣队，敲锣人用锣槌敲击发出时而低沉、时而洪亮的声响，余音悠长持久，极大地渲染现场的气氛。锣鼓喧天，以示送春迎夏已得到"天"的认可。人与自然和谐共生，只有天与人、人与人、自然和谐才能丰衣足食、国泰民安。

迎夏队伍巡游

　　开道鼓队，击鼓声声，鼓励民众，在立夏后万物已进入生长旺季之时，要以饱满的热情和昂扬的状态，投入到繁忙的各种事务中去。

　　以上各列队人员身着赤红色汉式服装，代表迎夏的喜庆、成功、吉利和兴旺发达等含义，不但营造出送春迎夏的吉庆气氛，而且也寓意着夏季的日子会越过越红火。

　　蚕花姑娘队，以蚕匾作轿。4 名成人肩扛用大蚕匾加两根竹竿扎成轿子，中间坐着一位身穿中式服装、头插纸花的蚕花姑娘，其一手撑着油纸伞，一手捧半山泥猫，蚕匾四周的桑叶上放满着

蚕花轿子上的蚕花姑娘

半山立夏融入了蚕桑元素

雪白的蚕茧。

　　蚕娘队，身着蓝色印花布衫，样貌娟秀的妇女，手托盛有桑叶和蚕的竹匾，以呈现农耕时期半山养蚕妇女采桑育蚕的景象。

　　食盒队，身穿统一颜色的中式服装，手托盛有用糯米粉精心制作的立夏狗、立夏猫，以及竹笋、蚕豆、豌豆、樱桃、杏子、青梅等时令物品，再加其他木盒里琳琅满目、红红绿绿，煞是好看。以展示出立夏时节丰富的当季蔬果。

　　巡游队列中还有莲湘队、鼓乐队、旗袍队等等，手持莲湘棒，载歌载舞；鼓乐手，用多种民族乐器吹打出明亮的乐声表达人们

巡游食盆队伍

的喜悦，以反映民众发自内心对天地万物的敬畏，并希望得到天佑地护、得到大自然的厚爱和馈赠。手持七彩小纸伞的旗袍队，迈着轻盈的步伐，以表达出民众在夏季对美好事物的向往和追求，以及与立夏日相映相衬的美，形成一道姹紫嫣红、婀娜多姿的靓丽风景线。

二十四节气传承人队，12 名成年人和 12 名青少年大手拉小手，以象征二十四节气优秀传统习俗传承保护后继有人。

送春迎夏仪式各列队在行进途中，主持人用杭州方言说："天养人，壮突突；人养人，皮包骨；民以食为天，祈盼大自然风调

外国友人也加入巡游队伍中

雨顺，民众勤耕细作，养好桑蚕，丰衣足食。"

3. 迎夏仪式

各列队依次到达半山娘娘庙旁小广场，迎夏姑娘将福带和串豆捧送给前来参加仪式的代表和嘉宾。舞台前提炉队的四人依次分列两侧。

迎夏仪式正式开始。倪氏族人进献供品，点燃蜡烛和香。各列队全体人员后转朝南肃立，向炎帝和火神祝融行三鞠躬礼，再向后转向北面的半山娘娘庙遗址，向半山娘娘神行三鞠躬礼。

礼毕，由拱墅区皋亭文化研究会会长致《迎夏祝辞》：

迎夏鞠躬致礼

斗指东南，维为立夏。天阳下济，地热上蒸。

天地气交，万物华实。蝼蝈鸣啼，蚯蚓出土。

王瓜刺生，苦菜叶秀。樱桃成熟，嫩笋成竹。

南方天帝，乃是炎帝。夏神祝融，倪氏正源。

尝试百草，治病救命，按节耕稼，植麻制衣。

夏官祝融，司夏之神。以火施化，功德无量。

吾祖娘娘，撒沙护国。南宋临安，实肇由此。

劝民农桑，毋失时机。娘娘庙会，桑蚕贯之。

丝绸之路，富民强国。送春迎夏，循其轨也。

致《迎夏祝辞》

立夏内涵，天人一统。人与自然，融合一体。

杭州拱墅，半山街社。倪氏后裔，廉德乡族。

缅念圣德，敬天祭祖。孟夏庆生，直至端午。

科技时代，尊重时令。立夏习俗，保护传承。

谁来保护？　众答："我们保护。"

谁去传承？　众答："我们传承。"

活态演示，　众答："以老带小。"

半山民众，　众答："责无旁贷。"

一年一度，　众答："礼仪立夏。"

雅乐珍馐，伏惟尚飨。

送春迎夏礼毕

最后，点燃元宝，并敬香。

来自杭城内外观摩送春迎夏仪式的民众数以万计，蚕娘队和食盒队人员分别向现场游客赠送一张张爬满蚕宝宝的桑叶，并与在场游客及当地父老乡亲分享"福果"。至此，整个"送春迎夏"

现场赠送蚕宝宝

撒"福果"

仪式在一片狂欢中结束。

[贰] 节令游艺习俗

节令游艺，顾名思义，就是在立夏季节娱乐、游玩，也就是通过一定的活动或手段能够丰富和满足人的视听和身心需求，以达到愉心悦目的所有一切精神文化活动，其中包括烧野米饭、称人、做泥猫、斗蛋和跑山迎夏等内容。游艺活动是诸多民俗活动形式的一种，极大地丰富了民众的娱乐文化生活。

（一）烧野米饭

烧野米饭的习俗由来已久，相传与刘备之子刘禅有关。三国时，刘禅被曹操的几句话骗去了曹营，刘备的军师诸葛亮犯了难，就急忙派关羽去曹营吓唬曹操。关羽到了曹营对曹操说："如果你敢伤刘禅一根毛，我们军师说了，会让你断子绝孙。"曹操为防诸葛亮计策，当即就指示手下的人，一定要照顾好刘禅。于是，曹营管事的人叫来一帮小孩，整天陪着刘禅去户外玩耍。不知何故，刘禅爱上了在野外烧米饭吃，时常会领着一群孩子带上锅子等炊具和食材，找石块搭灶头，捡柴、摘豆和挖笋等。这年立夏日，诸葛亮命赵子龙和张飞去曹营接刘禅回家时，见到了他在野外烧米饭。刘禅被接回后，什么事都不想干，就一心要干野外烧饭的事。诸葛亮无奈地只准许刘禅每年烧一次。久而久之，立夏日烧野米饭就广为流传并成为一种风俗。

孩子们准备烧野米饭的材料

立夏节煮蚕豆、烧野米饭

　　立夏日，半山人家的孩子成群结队地到野外烧野米饭，自烧自吃。烧野米饭最具有"野"趣：一是野外采集食材。烧野米饭所使用的蚕豆、豌豆和竹笋等时令蔬菜是到人家地里去偷偷采挖来的，立夏日这天，各家各户的自留地都是对孩子们放开的，米和咸肉是去别人家讨来的。二是野地里烧。用野地里捡来的石头垒灶支锅，再拾来干枯的树枝生火。三是野地里吃。端着烧好的野米饭在野地里站着或蹲着吃。烧野米饭不但培养孩子野外生存的能力，更是寄希望于孩子"好养"，不易生病，身体强壮。

（二）称人

　　立夏时节，称人，是一项非常有趣的活动，在半山一直进行。每逢立夏，家家用大秤称人。至立秋日，又称一次，以观休重之变化。据钟毓龙《说杭州》载："是日，男女老少，除有孕者外，皆须以秤称之，计其轻重，以与去岁比较其肥瘠。"立夏日，人们称过体重后，就不怕夏季炎热，不会消瘦，不会病灾缠身。称人传说颇多，这里只说有趣的场景。

　　立夏日，各家都会做一些用大秆秤称体重的准备工作，家里的壮年男人用木棒穿过秤扭上的绳圈后扛在肩上，或用绳子挂在房子的悬梁上，或搁在双人梯子木档中间，小孩子用手抓住秤钩双脚悬空、大人坐在秤钩上挂着的小凳上称重。

半山立夏秤人习俗由来已久，流传至今

立夏称人，有很多种讲究：一是打秤花只能从里向外打出（即从小数打到大数），不能从外打向里，意思是份量只能加重，不能减轻。二是称的斤数逢九，就必须再加上一斤，因为九是尽头数，不吉利。小孩子称重时，还会在其口袋里放一块石头，增加重量，寓健康之意。

　　男女老少聚在一起，有说有笑地轮流称体重。正如古诗所说："立夏称人轻重数，秤悬梁上笑喧闺。"立夏称人是为了祈求带来好运。因此在报分量讲究讨口彩，若体重增加称"发福"；体重减轻，谓之"消肉"。尤其是称重时流传至今的"顺口溜"往往会引起人们哄堂大笑，场面煞是热闹。

　　称小伢儿时会说：

　　　　三十九斤大小囝，三公九卿来里头。

　　　　九岁年纪六十斤，十岁之后六六顺。

　　　　称花一打二十三斤，甲子一转廿三孙。

　　　　称花打出七十三，小人长大会出山。

　　　　小小年纪七十斤，七品具官勿难寻。

　　　　秤花一打二十三，小官人长大会出山。

　　　　七品县官勿犯难，三公九卿也好攀。

　　称小伙子时会说：

　　　　一百廿斤重，讨个老婆好过冬。

　　　　小伙一百朝外重，媒婆敲门咚咚咚。

　　称姑娘儿时会说：

　　　　一百零五斤，员外人家找上门。

　　　　勿肯勿肯偏勿肯，状元公子有缘分。

　　　　姑娘重量一百零，大户人家找上门。

半山立夏称人

姑娘九十八，蚕花银子白。

小大姑娘十七八，称称份量七十八，媒婆来了十七八，姑娘勿嫁杂七八，要问姑娘嫁那家？姑娘只嫁读书郎。

囡囡八十八，十八一枝花，媒人上门多，门槛踏㢧（音yī，意：烂）光。

称大小嫂儿时会说：

大嫂一百六十八，弹簧眠床笑哈哈。

小嫂称重一百斤，老公抱伊屁屁轻。

称老头儿时会说：

秤花八十七，活到九十一。

一百六十五斤半，三房媳妇轮流伴。

据说，这一天称了体重后，就不怕炎热，不会消瘦，不会病灾缠身。立夏称人更体现出半山人家要以强壮扎实的体质抵御夏季各种自然与疾病灾害，祈求健康的美好愿望。

（三）做泥猫

"谷雨孵卵，立夏出蚕"，旧时蚕桑是主要经济来源。相传，半山娘娘自幼聪慧，饲猫护蚕，蚕业兴旺。自从娘娘被敕封为"撒沙护国显应半山娘娘"，立庙塑像后，庙宇内时常出现七彩神猫。倪家门人用半山泥土掺入半山娘娘庙后院清冽的井水，手工捏出泥猫，晒干，外饰以彩，放在庙里牌位前供奉。来自杭嘉湖进香的蚕农们在祭拜半山娘娘后，会把半山泥猫"请"回家，放在蚕匾或蚕架上，据说老鼠会逃得无影无踪，蚕桑获得丰收。半山倪家门人和半山娘娘庙附近的村民就开始流行制作和出售泥猫。

《猫苑·泥猫》载："半山泥猫，猫为泥塑，涂以彩色，大小不等。"清同治十二年（1874）四月初五日的《申报·记泥猫捕鼠事》记载，半山，大多数山里的人用黏土手捏做成泥猫，外面用彩绘装饰。清《杭俗遗风·时序类·半山观桃》记载，半山出产泥猫，大大小小都有，用泥土或石膏制作成猫形，形象逼真，栩栩如生。清同治年间（1862—1874）李廷献的《香市杂咏：泥猫》诗有"漫笑如涂附，猫形塑俨然""白垩霜眉小，红泥粉鼻圆"之句。

半山泥猫用于养蚕人家避鼠或游客和香客的纪念品，以及与人交往馈赠的礼品和小孩的玩具等。至明代尤其是清代，养蚕人家总会把从半山娘娘庙祈蚕时买回家的泥猫，放到蚕房以避老鼠，成为杭嘉湖等养蚕地区的一大风俗。清《猫苑·泥猫》载："陈笙陔云：'杭州人每于五月朔半山看竞渡，必向娘娘庙市泥猫而归。'"

半山泥猫

半山泥猫传承人杨连珠制作泥猫

清《杭俗遗风·时序类·半山观桃》载："凡若去者，无不遍载泥猫而回，亦一时之胜会也。"杭城等地游客馈赠半山泥猫成为与人交往礼仪的一大风尚。

半山泥猫为双面猫，目前已有了五六种不同造型，憨态可掬，已成为半山形象 IP，是每年立夏节上必不可少的吉祥物。立夏节娘娘庙会上，可以亲手制作泥猫，和泥、塑形，或者描线、上彩，带上自己做的泥猫回家，便带上了半山立夏时节最美好的祈愿。

（四）斗蛋

半山人家立夏日斗蛋，据传源于女娲斗瘟神的民间神话故事。

相传远古时，有一个瘟神常年睡懒觉，却每到立夏之际醒来后就带上一只瘟疫口袋，下凡到人间传播瘟疫。瘟神所到之处，人们轻则头痛发烧厌食，重则一病不起。每当孩子病重，母亲就会急得去女娲娘娘庙烧香消灾。女娲得知后找到瘟神，并严厉地斥责道："今后绝不允许你加害我的嫡亲孩子！"瘟神面对法力无边的女娲连忙问："不知娘娘有几个嫡亲孩儿在凡界？"女娲哈哈

半山立夏庙会上的半山泥猫

一笑说："我的嫡亲孩子多得数不过来！这样吧，我在每年立夏日让孩子们在衣襟前都挂上装有蛋的袋子，这样你好认一些。"瘟神点头以示同意。

转眼间到了立夏节，瘟神又下凡人间，所到之处见孩子胸前都挂着个装有煮熟蛋的红布袋，又气又恼，瘫倒在路上死了。每逢立夏之日，孩子们挂蛋袋的风俗一代代传承了下来。

立夏之际，孩子不但喜爱挂蛋袋，而且更喜欢斗蛋。各家各户的大人先把鸡蛋煮好，再用冷水浸上数分钟后套上红丝网袋，挂在自己孩子的脖子上。小孩子们就三五成群、四五结队地走门

立夏斗蛋

串户地聚集在一起做斗蛋游戏。

半山立夏斗蛋有规则：蛋的两端尖者为头、圆者为尾，斗蛋时蛋头对蛋头，蛋尾对蛋尾，一个一个斗过去，破者认输，分出高低，最后胜者为斗蛋王。

立夏之后，酷暑之热，尤其是老幼体弱者会出现食欲不振、乏力倦怠和心烦气虚之类的症状，被称为"疰夏"。民间有说法："立夏胸挂蛋，小人疰夏难。"立夏时孩子胸前挂

孩子们在斗蛋

蛋，可使孩子避免瘟疫而无病无灾，寄托着父母对子女健康成长的希望。

立夏斗蛋不仅让孩子获得乐趣，而且也得到了吃蛋的机会。斗破的蛋，孩子自然就吃了。因为大人都说："立夏吃一蛋，力气大一万，石头能踩烂。"吃了立夏的蛋，孩子身体强壮、健健康康。

（五）跑山迎夏

跑山迎夏是将传统体育融入节气民俗活动中，以昂首阔步、飒沓前行的姿态迈入万物生长的夏季，体现了现代人崇尚运动，追求健康的风尚。

跑山迎夏的线路每年各不相同，根据半山旅游景区景点建设成果和开展专题活动而不断调整优化，让参与者有不同的体验方式。跑山迎夏刚开始，因"半山立夏节"活动在半山国家森林公园开幕，跑山先从仙人谷景区入口上山，途经虎山、龙山、半山，最终到达半山游客服务中心，全程共计2.7公里，到达后，便可到旁边半山娘娘庙参与立夏民俗活动。

跑山迎夏开心出发

2017年半山"望宸线"全线开通，半

山立夏跑山路线分为 A 线和 B 线，A 线全长约 2 公里，由虎山公园仙人谷至半山游客服务中心。B 段全长约 4 公里，由半山游客服务中心至望宸阁。之后几年又调整为经过民俗浮雕、穿过云锦亭、踏过雨花问泉、沿山边健身步道，以望宸阁为终点，全场约 3.3 公里。

2022 年，"跑山迎夏"活动从上塘河半山段景点分批出发，沿上塘河北岸的健身绿道，抵达半山桥北端的文天祥纪念广场，再折返至起点，全长约 4 公里。参跑者可领略经改造后的上塘河半山段北岸的绿道及沿途极具半山人文资源特色的环境风貌。

跑山队员到达半山立夏体验区

2022年跑山迎夏活动

在民俗中融入绿色生态和健康时尚元素，开展立夏跑山活动，不仅增强人的体质，更重要的是以积极向上的健康生活方式，共享半山经济社会发展的新成果。

[叁] 节令饮食习俗

立夏将至，旧时杭州，人们必备十二道食品："夏饼江鱼乌饭糕，酸梅蚕豆与樱桃，腊肉烧鹅咸鸭蛋，海狮苋菜酒酿糟。"这些看似寻常的美味，总在固定的时间提醒我们，夏天到了。

（一）吃乌米饭

每年立夏，半山仍然保留着家家户户吃乌米饭的习俗。半山

乌米饭是用南烛树叶，别名青精树叶的汁水，浸泡糯米蒸煮而成的一种米饭，它乌黑发亮、香润可口、清香扑鼻。据说，吃乌米饭能强筋益气，使人轻身明目，黑发驻颜，还不会招惹"乌米虫"。

半山人认为，立夏日吃了半山娘娘庙里的乌米饭，娘娘会保佑吉祥如意、身体健康。

半山立夏食品

关于乌米饭的来历，各地有许多传说，但在半山当地流传最多的是孙膑马厩里吃饭团。相传战国时期，兵圣孙武的后代孙膑和魏国大将庞涓进山向鬼谷子学习兵法，鬼谷子将兵法的精华传授给谦虚好学的孙膑。庞涓

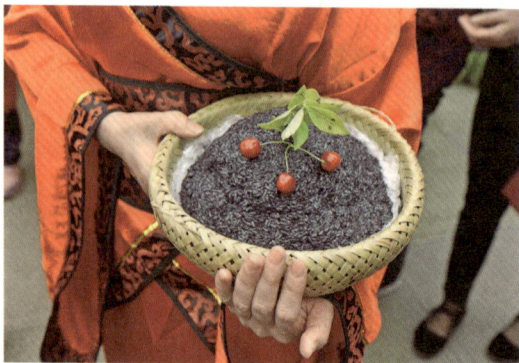

乌米饭

极为妒忌，就把孙膑骗出山外弄断腿后关在马厩里，并用饥饿法
逼他写兵书。看守孙膑的老狱卒和老伴商议后，把米用乌树叶汁
浸泡后煮熟，再捏成小饭团给孙膑吃。庞涓看见后以为孙膑是在
吃猪粪，不再对他严加看管。孙膑不仅靠这个方法活了下来，身
体还很健康，最终逃出监狱。孙膑第一次吃乌米饭团就是在立夏
那天，于是相沿成习。

唐杜甫在《赠李白》诗中写道："岂无青精饭，使我颜色好。"
晚唐时，道教称青精饭为乌饭，为斋日的食物。唐陆龟蒙《四月
十五日道室书事寄袭美》有"乌饭新炊芼臛香，道家斋日以为常"
的诗句。到了元代，青精饭才被称作乌米饭，且成为皇帝赏赐大
臣的佳肴之一。元《燕都游览志》载："梵寺食乌米饭，朝廷赐群
臣食之。"

立夏日，半山人一早去半山
山上采摘或菜市场买南烛叶，回
家后把南烛叶的老枝清理后洗干
净，放入10℃左右的水，用手揉
捏出紫黑色汁水，然后用纱布过
滤出揉碎的南烛叶，再把淘洗好
的糯米倒在锅子里，加上比平时
烧米饭少的紫黑色汁水浸泡三个

制作乌米饭的南烛叶

新鲜的南烛叶用于榨汁

志愿者精心挑选南烛叶

揉搓南烛叶

用南烛叶榨取汁水

淘洗好糯米

烧好的乌米饭

小时左右，最后用土灶头烧成乌黑发亮、清香扑鼻的乌米饭。立夏日除了吃乌米饭，还吃乌米糕，把做乌米饭的原材料做成糕的形状。清《江乡节物诗》载："杭人呼为乌饭，亦有制以为糕者，于立夏食之。"

吃乌米饭成为立夏时节一道必不可少的美食。如今，除了用白糖蘸着吃，还会变着花样吃乌米饭，做出乌米肉松饭团、乌米八宝饭、春笋咸肉乌米饭和乌米粽子等。

吃乌米饭关键是原材料之一的南烛叶。南烛树过去在半山上常见，为常绿灌木或小乔木，高2—6米。南烛叶为椭圆形，长

立夏节派发乌米饭

4—9厘米，宽2—4厘米，边缘有细锯齿，表面平坦有光泽，两面无毛。立夏时节，用南烛叶做乌米饭是最好时机。如果南烛叶长老了，用手揉捏出的汁水做成的乌米饭吃起来的口感要差些。

20世纪80年代，半山山上的南烛树还有很多。自半山封山育林后，家家户户烧饭用上了液化气，去山上砍柴用来烧饭成为了历史。满山生长着茂密的杂树，遮盖了南烛树灌木的生长空间，使低矮的南烛树逐渐变得稀少。现在，快到立夏日，半山人家只好去菜市场买南烛叶烧乌米饭了。有人为了一年四季都能吃到乌米饭，把立夏节做乌米饭时用的南烛叶汁水装在塑料瓶里，存放

孩子们吃乌米饭

到冰箱冷冻，等到要想吃乌米饭的时候，解冻汁水就可以使用了，烧好的乌米饭吃起来也原汁原味。

吃乌米饭，道家认为可以延年益寿。清《江乡节物诗》载："青精饭食之延年，本道家者言。"南烛叶，具有强筋益气、清目止泄等药用价值。人们相信，立夏吃乌米饭，身强体健，夏天不会中暑，蚊虫不会叮咬，还祛风解毒，百病不生。立夏吃乌米饭，不仅是美食，更是一碗难以忘怀的"味觉记忆"。

（二）吃咸豆儿糯米饭

杭州方言把"豌豆"说成"咸豆"，故半山有立夏要吃咸豆儿糯米饭一说，这也是半山人家的立夏食俗之一。

据说这碗饭与当年诸葛亮七擒孟获的故事有关。相传三国时期，诸葛亮捉拿孟获后的那年立夏日，要求其每年至少要拜望刘备之子刘禅一次，以示对蜀汉后主的尊崇。从此，每年立夏日孟获都会去成都拜见刘禅。数年后，晋武帝灭蜀，刘禅被掳至洛阳。孟获还是坚持每年立夏日去洛阳探望刘禅。为了刘禅不被亏待，孟获每次去探望时总要亲自用大秤称一下他的体重，然后再禀告晋武帝。武帝见孟获如此顶真，便出了一个主意。他知道刘禅喜欢吃糯米食，便命人在每年立夏日烧一碗咸豆儿糯米饭给他吃。刘禅每次狼吞虎咽能吃上两大碗。孟获去看望其时再称体重，总比去年重了好几斤。于是，在民间也就有了立夏日吃咸豆儿糯米

立夏时节豌豆成熟

半山人立夏必吃的咸豆儿糯米饭

饭的习俗。

咸豆儿糯米饭，主要使用的食材是时令蔬菜豌豆和春笋，以及咸肉和糯米。豌豆要用稍许老一点的，烧熟后吃起来会有很糯的口感。咸肉的精肉坚实，切面色泽鲜红，肥膘稍有黄色，烧熟后析出的油脂裹在豌豆、春笋丁和糯米上，晶莹剔透，给人一份视觉的享受和品尝的愉悦。立夏日吃咸豆儿糯米饭，在半山有一种说法是：家里的小囡囡在立夏日这天吃一碗咸豆儿糯米饭，可以眉清目秀、眼目清亮。美其名曰："巧笑倩兮，美目盼兮。"

（三）吃立夏饼

在半山一带素有立夏吃立夏饼的习俗，据说吃了立夏饼，不疰夏、不瘦夏。

据传，吃立夏饼与赵子龙护送刘禅有关。相传三国时，刘禅的母亲投井自杀后，刘备出征带着儿子不方便，就命赵子龙护送刘禅去吴国请孙夫人抚养，并请御厨做了许多蒸饼以备途中充饥。赵子龙护送刘禅到吴国时正好是立夏日，随带的蒸饼在马车上因途中颠簸已被压变形，赵子龙灵机一动说，家乡有立夏做塌饼送人的民风。此后，立夏吃塌饼的民风就逐渐形成了。

民国时期，立夏时在市场上还常有制作麦芽塌饼的买卖，俗称立夏塌饼。现在的立夏饼比一般的苏式月饼略小，比其薄一半。有馅，常为豆沙或白果的，酥皮口感比月饼好许多；形同月饼，

立夏饼

但个头小些，以筒论卖，五六个包成一筒，用印着红字的纸包着，这样的传统食品深受中老年人的喜爱。现在半山北面的塘栖老街上还有很多店家在卖立夏饼。

立夏饼除了自家人品尝外，人们还会送给亲朋好友、街坊邻居分享，在半山一带甚为流行。

（四）吃立夏狗

立夏节，半山民间有让小孩子吃"立夏狗"和吃"捏把儿"的习俗。据钟毓龙《说杭州》载："是日，取清明所藏之清明狗，煮以食小儿。"过去，在清明节，用米粉捏成小狗数只，放在竹匾里挂在通风处晾干，等到立夏日拿出来用水冲洗一下，蒸熟后就可以吃。

现在，半山人家"立夏狗"是现做现吃。制作比例为约80%的糯米和20%的晚米相掺磨成米粉，米的比例可根据实际情况调整，放入面桶中，倒入少量的冷水，持续捏揉，然后用南瓜汁、南瓜果调成青色或是金黄色，再用手将面粉捏成狗，并将"狗"放在有少量冷水的锅中，蒸上20分钟就可以了。出锅的"立夏狗"清香四溢，绵软可口。放凉后，嚼劲十足，回味清甜，吃起来又是另一番滋味。一般还有粳米粉掺南瓜蓉做的黄狗狗，掺胡萝卜

做立夏狗、捏把儿

汁做的橘狗狗，掺紫薯做的紫狗狗，将揉好的面团捏成小狗的形状，然后再用两颗红豆装饰当眼睛。还有立夏这天做形似抽象画狗造型的"捏把儿"。"捏把儿"比"立夏狗"做法更加简单，制粉程序一样，只要用手一捏一个，在蒸架上蒸熟即可食用。20世纪50年代还有用番薯粉做的"捏把儿"，香甜可口，还有忆苦思甜吃的一种"糠捏把儿"。

立夏日吃"立夏狗"是有一定的讲究，要讲时辰，先吃头和尾，还要按照气象预告进入立夏的时间节点，掐着钟点等着那个时辰把立夏狗吃下去。

在半山，一直流传着立夏日吃了"立夏狗"，就会像狗一样强壮，不会疰夏的说法。立夏之后，很快就会进入农历五月的梅雨

立夏"捏把儿"

半山立夏节孩子们学捏立夏狗

期，也将是胃肠道、呼吸道和皮肤等疾病相对高发的阶段。立夏时节吃"立夏狗"，可以强壮体质，提高免疫力，抵御各种疾病产生。为此，民间有俗语："吃了立夏狗，东南西北走。"

（五）吃七家茶

立夏日吃七家茶，在不同的年代有不同表现的内容。在明代，每逢立夏日，半山人家用自家茶树地里采摘炒制的精良新茶，或从市场上买回来的新茶包装好以后，再选一些颜色不同的细小精致水果或干果，装在用竹篾编织的茶具——提盒或竹篮里，然后走门串户赠送给亲戚和友人，或走街串巷馈送给街坊邻居，请吃七家茶。明《西湖游览志余》载："立夏之日，人家各烹新茶，配以诸色细果，馈送亲戚比邻，谓之七家茶。"

立夏市集上分享七家茶

半山立夏七家茶

清代，半山茶农种植的茶树品种优良。至清乾隆年间（1736—1795），半山茶农种植茶树结出的茶子，据说是杭州西湖龙井的种子。清《东郊土物诗》中的《茶子》诗："昔数香林茶，今称龙井莽。地望悉城西，城东著名鲜。不知其种子，乃在半山选。俗何昧本初，第羡所播衍。"可见，当时，半山茶农种植的茶树所产的茶叶品质极佳。

清代尤其是民国时期，半山人家吃七家茶的风气更为兴盛，半山人家立夏吃七家茶称为吃立夏茶。立夏日先用新茶和樱桃祭

半山茶叶

祀祖庙，然后再把祭祀用过的新茶和樱桃加上新鲜的春笋、深红色的朱樱和淡黄色的青梅等种类多样、颜色丰富的蔬果，各家各户相互赠送。家庭条件好的人家吃立夏茶比较精致，还会再加上桂圆或者枣子等。民国《余杭县志》载："立夏之日，以樱桃、新茶荐祖庙，杂以诸果，各相馈送，谓之立夏茶。乞邻麦为饭，云解疰夏之疾。茶、新笋、朱樱、青梅等物，杂以桂圆、枣核诸果，镂刻花卉、人物，极其工巧，各家传送，谓之立夏茶。"

如今，虽然半山人家吃七家茶不再是相互赠送了，但亲朋好友一起泡茶、喝茶、吃时令水果的饮茶习惯还在延续着。

（六）吃蚕豆

在许多人的记忆中，只要看到本地蚕豆大量上市，就知道夏天要来了。据说蚕豆因其豆荚状如老蚕，又是在养蚕季节长成，所以，称之为蚕豆。

新鲜的蚕豆软糯香嫩，满口清香，既可当小菜、闲食，也可当饭充饥，无论大人小孩皆爱食用。蚕豆又叫发芽豆，讨的是"发"的彩头。半山立夏，大人们常将蚕豆煮熟后，用线串成串挂在孩子们的脖子上，让他们戴着玩，想吃时就顺手揪几粒下来，小孩子吃了不但身体好，而且可以夏天不与别人家"相骂"

半山青梅

（吵架）。而大人们则喜欢用蚕豆佐酒。

古人喜欢在春尽夏临之际，用蚕豆下青梅酒小酌。宋代文学家舒岳祥《小酌送春》云："莫道莺花抛白发，且将蚕豆伴青梅。"在一粒粒蚕豆香中，夏天，也悄然来临了。蚕豆的季节很短暂，

半山立夏种植园摘蚕豆

立夏时节蚕豆鲜，大锅煮蚕豆

从成熟到变老，大约就一两周时间。

中医认为蚕豆益气健脾、利湿消肿，特别适合暑热和湿气重的人食用。清代著名诗人袁枚是个不折不扣的美食家，他在《随园食单》中写道："新蚕豆之嫩者，以腌芥菜炒之，甚妙。随采随食方佳。"

立夏节吃蚕豆

半山本地蚕豆小但鲜嫩，现剥现炒，才能品尝到鲜嫩的滋味；等到本地豆都又大又老时，就必须将豆子的皮剥去，在水中浸泡一阵，用"鬏头菜"炒豆瓣儿，那已经是这一年蚕豆季结束了。

（七）吃健脚笋

每年立夏是吃"健脚笋"的好时机，半山老一辈人总会告诉孩子们说，吃了健脚笋不但腿脚变好，还能强身健体。

其实健脚笋就是半山上采来的野笋儿，细细长长的。野笋，市场上有卖，但很少见到，要碰运气。自然生长在山林灌木丛里的小野笋，一般只有拇指粗细，因生长在山林里，野味十足，纤维含量高，脆嫩非常，比普通的竹笋更有鲜味。半山的山坳里处处有野笋，常见的野笋有早笋、花壳笋、长尾巴、叉尾巴和苦竹笋等。其中野笋的外表与苦笋很相似，不知道的人常常会弄错，仔细分辨，可吃的野笋外壳光洁，不可吃的苦笋壳外表生毛。不认识的话可以剥开笋肉在舌头上舔一下，味苦的是苦笋，是不能食用的。

立夏挖竹笋，乐趣无穷

健脚笋季节性很强，而且剥起来比较麻烦。技术娴熟的人会用拇食二指捏住笋梢头，用力抓破笋壳，笋壳绕着食指一直到根部，一半剥好了；另一半也是这么一绕，一株笋就剥好了。一般剥笋都要很长时间，剥完了剩下的笋肉也不多，很多人都嫌麻烦，但它却是人们春末夏初最喜欢的野菜。这种野笋有一个优点——新鲜挖出来的野笋味道不像春笋一样，苦涩味重，它没有涩味，反而有点甜甜的味道，烧的时候都不用焯水。老一辈的半山人将整条小笋加点盐煮熟，也有放饭锅里蒸熟蘸酱油，整根咬来吃。

周作人《儿童杂事诗》中有一首诗说到健脚笋："新装杠秤好称人，却喜今年重几斤。吃过一株健脚笋，更加蹦跳有精神。"

伴随着这个习俗还有一句口头语："脚骨健，米粮全"，大人吃了健脚笋，就到了立夏割小麦、种早稻的时节，体魄强壮，既不会误了农事，也不愁没饭吃；小孩吃了健脚笋蹦蹦跳跳更精神，蕴含了人们强身健体的美好祈愿。

（八）吃三烧五腊九时新

立夏日，当季的新鲜蔬果和鱼虾等纷纷应市，已是尝新的时节，半山有立夏日吃"三烧、五腊、九时新"的民风。

"三烧"，即烧饼、烧鹅和烧酒。立夏日吃新麦就是新麦衍生出包括烧饼在内的食品，鹅已肥腴鲜美，烧酒是家里酿的粮食烧（土烧）。

"五腊"，即黄鱼、腊肉、咸蛋、海蛳、清明狗。黄鱼和海蛳（小型海螺蛳）为营养价值比较高的时令海产品。腊肉是过年时腌制风干的肉制品，入夏后气温升高容易变质，故立夏日需食用。

清明狗是半山岁时的传统食品。每逢清明日，民众就到糕团店去买或者自己用糯米粉制作，悬挂庭中。至立夏日取下，用荠菜花同煮，给小儿吃，可以避免疰夏。

"九时新"，即樱桃、梅子、蚕豆、苋菜、野笋、莴笋、鲥鱼、乌饭糕和玫瑰花茶。半山人家吃的樱桃、梅子等水果及蚕豆、苋菜和莴笋都是自家地里或房前屋后栽种的。吃野笋、喝玫瑰花茶需去野外挖掘和采摘，乌饭糕蒸着吃，总之要多吃些立夏的当季食品。

[肆] 集市商贸活动

最早出现在秦汉时期的庙会功能单一，以祭神、祭祖为主，具有极强的民间信仰与宗教性质。到明代，随着商业经济的发展，大量集市出现，许多庙会开始走向娱乐化。明代中期，集镇都有了庙会，至清代庙会随着社会经济的发展变得更加兴旺与繁盛。庙会的集市商贸活动兴起，影响了民俗的发展。

早在宋代，半山历经了由村、铺至集市的跳跃发展，"市廛千余间"，俨然成了杭州艮山门外（半山）的一大集市。杭州周边农村的集市称"市日"或"集镇"，市日按农历逢双、单日开市，或逢五逢十，或一三五、二五八、三六九等日，开市的日子各不相同，而半山市却是天天开市。

半山有三个兴旺的会日，即：二月初八桑秧会、三月初三蚕花节、五月初一娘娘诞辰日，凡会日必与寺庙的香火挂钩，故而称作庙会。半山娘娘

赵建华绘制的《半山皋亭风情图》，重现70年前依锦桥畔生活场景

庙会的兴盛吸引了人气，为半山立夏习俗的发展创造了条件和基础。如今，这些庙会逐渐衰退，但集市商贸活动成为立夏节的重要特色。

（一）桑秧会

半山桑秧会是江浙一带尤其是杭嘉湖地区桑树等苗木交易影响较大的集市商贸活动之一。

中国是世界上最早发明种桑养蚕的国家，在古代男耕女织的农业社会经济结构中，桑蚕占有重要地位。吴兴钱山漾新石器时代遗址出土的绢片、丝带和丝线，便是已知最早的丝织物。此后，杭州在内的吴地蚕桑业得到持续不断的发展。南宋朝廷在临安（今杭州）建都后，随着政治和经济重心的南移，以杭嘉湖为主的太湖地区蚕桑业更是长时间处于领先地位。都城临安（今杭州）东北部的半山等地成为种桑养蚕的主要产区之一。

我国桑树栽培的历史已有7000多年，栽培地区广泛，以长江中下游为最多。桑树的品种较多，有高干、矮干、厚叶、薄叶之分。南宋时，都城临安（今杭州）的桑树品种以富阳青和临安青最佳。半山地区的气候和深厚疏松的土壤非常适合桑树苗木的栽培，桑农将富阳青和临安青条桑苗木经过嫁接后，具有树干高大，枝叶茂盛，桑叶肥厚的优点，养蚕人家多选半山的条桑苗木栽植，栽培面很广，深受桑农和蚕农的青睐。

经元代至明代初年，由于棉花生产的普及，全国各地的蚕桑生产日趋衰落。明代中后期以后，杭嘉湖等地的蚕丝业得到更大的发展，并成为对国内外贸易的大宗商品，促进了蚕桑等生产的发展。半山和临平等地区成为杭州的主要产区，这两个产区的优质条桑苗木枝条长八尺，且笔直又壮实，种植后直长的枝条在光照好的条件下，桑叶多，且肥大厚实，绿油光亮，蓬头茂盛，生机勃勃。每年半山的桑农把条桑苗木装在停在依锦桥边的船上，从上塘河运到大运河的江涨桥，以每株二厘的价格出售给杭嘉湖等地桑农。

明末清初，半山桑农凭借来自江浙一带尤其是杭嘉湖等地香客行船至半山依锦桥上岸前往半山娘娘庙祈蚕的人气，自发组织并逐渐形成了桑秧会。直至19世纪50年代末60年代初，每年农历二月初八日，时值苗木生长的春耕备耕时节，各类条桑苗木开始热销起来。江浙一带尤其是杭嘉湖等地桑农，把一捆捆扎好的条桑及其他苗木装上船，经大运河进入上塘河，或直接从上塘河到达依锦桥，再由人挑肩扛上北岸桑秧市场。

来自各地的桑农和蚕农及商贩，纷纷前来赶会，选购地上摆满的品种多样、适合种植的条桑苗木。桑苗的树龄从一年到五年不等，以二年三年的居多。一年的桑树苗俗叫"桑秧儿"，就是把熟透的桑葚摘下来捏碎，拌上草木灰，撒到土上，任其自然发芽，

到第二年拔起桑苗出售，因苗嫩难以成活，购者稀少，所以，有经验的桑农把此等桑秧复种，到次年或第三年再上市售卖，这样的桑树成活率高。桑秧会，客商众多，停留在半山依锦桥东西两端上塘河道岸边的船只足有数千米之远，从杭嘉湖地区来的商贩讨价还价，各种声音交织在一起，场面热闹，令现代人无法想象。可见半山桑秧会在杭嘉湖地区的影响力。

半山桑秧会经销优质桑树苗木品种，对江浙一带尤其是杭嘉湖地区改善品种结构、提高桑叶质量、提升蚕丝品质和促进蚕桑业发展，以及对半山立夏习俗等半山文化的传播发挥了功不可没的重要作用。

（二）蚕花节

每年农历三月三，清明节左右，江浙一带尤其是杭嘉湖地区的蚕农，坐船从上塘河到半山依锦桥靠岸停下，依次从桥的北面河埠头上岸。成双结对的养蚕女子，穿红着绿，年长者身背红绿两色相间的蚕种袋，无论男女老少头上戴着一朵用彩纸扎成的蚕花，男的插在帽上，以图养蚕顺利取得丰收。传说戴蚕花的习俗源于春秋时期，为西施首创，以后逐渐成为蚕乡妇女的一种特殊饰品。在依锦桥北岸上排列的提灯队、唱诗队、秧歌队和高跷队等，锣鼓开道，载歌载舞，引导蚕农、香客和游人浩浩荡荡地向半山娘娘庙山门行进，过山门走青石板路进入半山娘娘庙。蚕农在娘娘殿烧香祈蚕须行"接蚕花"礼俗，主持把原先准备的一杆秤，一块手帕，一张蚕花纸（在黄纤纸上插二朵蚕花，一簇柏树枝）和一张蚕花娘娘神像交给祈蚕人，于是就唱道："蚕花马，蚕花纸。头蚕长势好，二蚕长势多。好又好，多又多，采得好茧子，踏得好细丝，卖得好银子，再造几幢新房子。"礼毕后，蚕农毕恭毕敬地将蚕花纸收起来，放进背在身上的蚕种袋，回家后放在蚕房子里育蚕，等到蚕茧丰收后再行"谢蚕花"礼俗。清嘉庆五年（1800）三月三日，陈文述与阮元等一起在半山修禊绘图时作题为《庚申上巳云台师偕同诸人于皋亭山修禊作图记事》的唱和诗："折花都向绿鬟簪，女伴婴春约两三。莫倚东风笑游冶，红妆小队正祈蚕。"诗描写了养蚕女子身穿红装，环形的发髻上戴着用彩纸扎成的蚕花，成双结对地去半山娘娘庙祈蚕的景象。

在半山娘娘庙会中，还演绎出一则流传至今的半山娘娘庙"轧蚕花"的民间故事。相传，从前有位蚕乡养蚕女子在清明节去半山娘娘庙烧香，因人多拥挤，不慎发生了自己的胸部被别人挤（方言"轧"）了一下的意外，羞得满脸通红。养蚕女子回家后不愿出门远走，整天出入蚕房专心饲蚕，当年蚕茧喜获丰收。此事被街坊邻居得知并广为流传，这是半山娘娘庙的娘娘神显灵，保佑蚕事顺利。从此，每年清明时节的半山娘娘庙会，江浙一带尤其是杭嘉湖地区的蚕农，无论男女老少举家而出，前往半山娘娘庙祈

蚕，而且烧香的人越多越要挤，以图养蚕吉利。

在半山依锦桥北岸有商品买卖的集市。来自各地的商贩争先抢占人气最旺的摊位，销售的商品种类繁多，琳琅满目。有蚕簸、采叶箩和方格簇等养蚕需要的工具；有钉子、螺丝、铁丝、锁、合叶、插销和弹簧等小五金；又有竹篮、竹箩、竹筐和竹筷子等竹制品；还有瓜子、花生、糖果、蜜饯和饼干等食品；最多的是锄头、镰刀、锹、犁杖、筐、簸箕、笆箩、笆子、扁担、麻绳、麻袋和韭菜镰等农具。来自四面八方的游客，人头攒动，你来我往，争相购买，生意十分兴隆。在半山娘娘庙庙会上有迎蚕神、竞龙舟、跑马戏、猢狲做把戏、打拳卖膏药、探龙灯、踩高跷、唱戏文等各种精彩纷呈的民间艺人表演，以及看西洋镜和物品套圈等游戏。

据居住在半山桥头的老人回忆：新中国成立前后，在半山娘娘庙山门前，船码头上停满了从杭嘉湖地区来的各种烧香船，依锦桥畔摩肩接踵，泊在河埠边的大小船只船舷相靠，连在一起，密不透风。桥头四方百摊，人声鼎沸，赶庙会的人要从半山桥排到半山腰，摊位从半山娘娘庙头山门摆到半路亭，卖香烛及各种农具、糖、炒货、水果、杂货等的吆喝声此起彼伏。半山依锦桥人戏称远道而来的香客"划楫一笃，爬上一桌"，一条船里来者是一家老小，店小二的生意应接不暇。上半山娘娘庙远眺，山下的半山依锦桥上人头攒动，宛如一幅清明上河图。新中国成立后，尤其是 20 世纪 50 年代末以后，因半山地区成为杭州重工业生产基地，半山娘娘庙庙会的规模逐渐缩小，但仍有一些商贩、香客、游人于清明节期间在半山娘娘庙附近买卖商品。

（三）娘娘诞辰日庙会

五月初一为娘娘诞辰。凡西湖及城河诸道龙舟，悉至半山朝礼。清代申报《金龙船》载，有一年，龙舟盛会，众人约见十八只船，下水斗胜也是十八只船，其中一只船旗光闪闪、艳色夺人，上岸计数却只有十七只船，等有人要拖那只金龙船时，船却不见了踪影，"复计数之，则仅有十七只"的"显应"之事。钟毓龙的《说杭州》还记载，巾帼英雄秋瑾也到过半山娘娘庙，并题一联曰："巍巍肝胆女儿，有志复仇能动石；堂堂须眉男子，无人倡仪敢排金。"

20世纪80年代半山娘娘庙集市

　　南宋至今八百年，半山娘娘有求必应，焚香拜祷，来者千百里外，民间百姓祈求国泰民安，风调雨顺，百姓康宁之信俗，经久不衰。

　　白居易《观刈麦》诗云："田家少闲月，五月人倍忙。"人们需要农具、种子等物品，因此五月初一娘娘诞辰日庙会就成了这些农用物品交易、农业技术交流的场所。从前，在"三大庙会"之时，小商贩的摊位、乞讨人员、各类杂耍艺人，从头山门一直排到半路亭，当地老百姓从上塘河各路涌到半山娘娘庙周边赶市集。1958年杭钢、杭玻在半山落地后，再加上农村实行合作化，半山镇上有了供销社，买农具十分方便，所以没有人上"半山市"买农具了，半山的蚕桑业也逐渐消失，半山庙会这"三大节日"基本淡出了人们的视野。

　　在新的历史条件下，半山庙会赋予了新的使命和内容。现在，半山立夏的娘娘庙会有了新的内涵和形式，有非遗集市，各地好吃好玩的项目都赶来摆摊展示，有天竺筷、微型风筝、小花篮、木雕、乌饭馍糍、麻饼、传统茶食等产品销售，还有戏曲表演，非常受欢迎，参加人数一年胜似一年。

　　半山集市商贸活动，集祭拜与物资交流交换于一体，既满足了大众的精神文化需求，又满足了人们的物质贸易需求。半山娘娘庙会起于信仰、盛于集会，会因庙而生，庙借会而盛，互相融合，吸引了更多的人来到半山娘娘庙赶庙会，形成了半山特有的民俗风情。

[伍] 其他相关习俗及禁忌

半山立夏活动中的传统戏剧表演

一种文化，在经过了漫长的历史演变过程后，都会出现各种各样的民风习俗。半山立夏节气除了对应的气候特征和天象之外，都有延伸自己的文化内涵，并诞生了其他的相关习俗及宜忌事项，如半山立

半山立夏节非遗集市上的曲艺表演

夏日宜穿耳朵、用石灰撒在房前屋后避虺毒、吃香椿炒蛋、赛龙舟等，这里详细讲两件与夏季相关的且比较有趣的半山习俗。

（一）新娘子歇夏

旧时，在半山一带，凡是结婚以后的新娘子，立夏后都要经历一次回娘家与丈夫分开一个月左右的时间。如果是下半年结婚

成新娘子的，还须在次年的立夏日后歇夏。新娘子歇夏是家庭婚嫁喜庆习俗之一。

　　新娘子歇夏仿佛是现代人的高温假。立夏以后，气温逐渐升高，娘家人把女儿接回家稍事休息。新娘子结婚前在家可纤手不动，结婚后在夫家可要做农活和家务，为娘的心疼自己的女儿，怕吃苦、怕劳累。所以，新娘子歇夏的待遇还是比较优厚的。

　　新娘子回娘家歇夏，首先要从阿哥、阿姐、阿嫂中确定一人作为娘家人代表，挑着礼品去新郎官家里接新娘子。娘家人到了新郎官家先要送上挑去的礼品，再与新郎官父母一起吃一顿丰盛的午餐。饭后，新郎官把由自己母亲准备好的果包送给来接新娘子的娘家人，作为转送给亲家公的回礼。

　　新娘子去娘家歇夏前，婆婆拿出用黄板纸剪好的全家人的大小鞋样，让新娘子带回娘家去做鞋子。同时，婆婆还把包好的红包塞给新娘子，娘家人就带着新娘子回家了。娘家人接新娘子基本上是当天去当天回，也有的新娘子等娘家来人回后，再过几天再单独回娘家的。

　　回到家的新娘子歇夏算是娘家的客人，父母关怀备至，互诉衷肠，可谓是"女儿回娘家，三日三夜说不光"。在娘家的新娘子还得完成婆婆交给的做鞋子任务。于是，新娘子就和娘或者阿嫂一起忙着纳鞋底、裁鞋帮和缝鞋子。一双鞋底纳得好不好，可以看出新娘子的手艺巧不巧。

一个月后，新娘子歇夏要回夫家，新郎官就会亲自去接。新娘子在自己阿哥的陪送下，带上已做好的夫家人的鞋子和买来的蒲扇及云塌饼和汤团圆子，与前来迎接的新郎官一起回家。到家后，新娘子和新郎官先拜见阿太，随后把从娘家带来的蒲扇一一分送给阿太、公公、婆婆、姑娘、小叔；然后，再分送做好的鞋子。此时，新娘子要穿上在娘家歇夏时添置的"夏衣"，与婆婆一起上灶烧饭。第二天，婆家将新娘子带回来的云塌饼和汤团圆子一户一户地分送隔壁邻舍，表示新娘子歇夏回来了。新娘子歇夏还是有禁忌的。五月被称为"恶月"或"毒月"，五月到，五毒出，五毒醒，不安宁。所以，农历五月，娘家人一般是不会把出嫁的女儿接回家歇夏的。

（二）六月六半山猫狗汰浴

在杭州拱墅区半山有句老话："六月六，猫儿狗儿来汰浴"，意思是：六月六这一天不但小孩子可以去河里洗澡，连猫狗也要在这一天汰个浴，据说可防猫狗身上的虱子。清《清嘉录》载："俗谚云：'六月六，狗醭浴。'谓六月六日牵猫犬浴于河，可避虱蛀。"这一习俗在半山桥已经流传了好几百年了。

"六月六猫狗汰浴"据说起源于唐代，相传唐代高僧玄奘去西天取经，过海时经文不慎被海水浸湿，就将经文取出晒干，而这

一天正是六月初六。因此这一天也变得很吉利，据说，康王赵构登基后，南宋宫内会选择在这一天晒龙袍。半山倪氏闺女是康王的救命恩人，赵构皇帝不忘恩德，封倪氏闺女为半山娘娘，为此，倪氏家家户户也都选择于此日在大门前曝晒衣服，半山人常说"六月六晒红绿"。据说，明代以后，六月六这天，半山崇光寺、显宁寺等各大寺庙取出藏在柜子里的佛经，在阳光下曝晒，照佛教的说法是"晒经节"，也叫"翻经节"。这一天，皇帝晒龙袍、僧尼晒经卷、为官晒官服、读书人晒书本。

半山人家的小孩向来就有在上塘河里汰浴的习惯，每逢六月六日，小孩会跳入上塘河与自家的猫儿狗儿一起汰浴、玩耍。到

初夏，天渐渐炎热，狗也要汰浴

了六月六日下午三四点钟光景去桥边的河埠头，把自家的猫或狗牵到河里去汰浴。机灵的猫在河里扑腾几下后，即刻游上岸爬上树。狗用擅长的"狗扒式"泳姿在河里畅游几圈后再回到岸上。有的主人还用家里长竹竿，故意把想上岸的狗赶往河中心，好让它多游几圈。河岸上和桥上站着许多喜欢看热闹的大人和小孩。

至今，在六月六日给猫狗汰浴习俗虽然在半山已经不太看得见了，但"六月六，猫儿狗儿来汰浴"的俗语还口口相传。

（三）立夏日禁忌

立夏作为夏季之始，在一年当中，是比较重要的时刻。其中，有很多讲究和禁忌，表达了老百姓趋利避害的朴素心态，希望平

汰好浴的猫兴奋地爬上了树

安度夏，顺遂健康一整年。

忌坐门槛：道光十年《太湖县志》中记载："立夏日，取笋苋为羹，相戒毋坐门坎，毋昼寝，谓愁夏多倦病也。"是说这天坐门槛，夏季会感觉到乏力多病。俗传立夏坐门槛，则一年精神不振。

忌坐石阶：立夏日，孩童忌坐石阶，如坐了则要坐七根，始可百病消散。

忌坐地栿：说这天坐地栿（栏杆最下层的置于阶条石之上的横石）将招来夏天脚骨酸痛，如坐了一道就要再坐六道地栿合成七数，才可解魔。

忌进蚕房：四月俗称"蚕月"，旧时官府催征税收、邻里庆贺暂停，蚕禁森严，家家闭户，每家蚕房门口都贴上"蚕月免进"四字，生人免进。

忌办喜事：立夏前一日叫作四绝日。四绝日是属于季节交替的日子，变幻莫测，世间万物生灵都在适应季节变换。所以，在立夏这一天，嫁娶等一些活动都需要避开。

忌打瞌睡：俗话说"春困秋乏夏打盹"，所谓夏打盹儿，就是在立夏之后人们由于暑湿脾弱所导致的嗜睡和食欲不振。所以，在立夏时节，要多喝一些山药粥、薏米粥等等，可以健脾胃祛暑湿。

忌出夜汗：夏季出汗，对身体是有一定好处的，但是如果出现盗汗，即睡着之后，出现流汗不止，醒来之后却不出汗了。这样的情况，便是身体出现了不适，需要适当的调理。

忌遭淋雨：立夏之后，雨水增多，有时候暴风雨来得太突然，让人猝不及防，淋雨之后就易患感冒，影响身体健康，所以立夏要忌淋雨，随时备着雨具。

忌吃剩菜：夏季气温高，剩菜放置一宿后，容易产生细菌和毒素，长期食用会危害身体健康。因此应该尽量避免食用隔夜菜。

忌暴脾气：传统中医认为"暑易伤气，暑易入心"，燥热的天气，心情也会随之烦躁。如果出现心神不宁、食欲不振的情况，一定要学会自我调节。有意识地进行调养，保持心情愉悦、神清气爽的状态。切忌大喜大悲，以免伤身、伤心、伤神。

二十四节气（24 Solar Terms），它是中国无春时期开始订立，汉代完善确立的，用来指导农事的补充历法，是根据地球在黄道上位置变化而制定的，每一个都相应于地球在黄道上，每运动15°所到达的一定位置，以此状加一年中的冬、气候，热得平分面变化规律所形成的知识体系。它把太阳周年运动轨迹划分为24等份，每一等份为一个节气，始于立春，终于大寒，周而复始。

2016年11月30日，二十四节气被正式列入联合国教科文组织人类非物质文化遗产代表作名录。在国际气象界，二十四节气被誉为"中国的第五大发明"。2017年5月5日，"二十四节气"保护联盟在浙江杭州拱墅区成立。

二十四节气由来

三、半山立夏习俗的保护历程和特色价值

半山立夏习俗因各种原因，一度面临窘境，但在政府和各级文化主管部门的关怀与支持下，通过广大文化义工们的共同努力，重新焕发光彩。如今，半山立夏习俗活动有着广泛的群众基础，是政府主导、社会参与保护非物质文化遗产的生动实践。

半山立夏习俗有着节气民俗和民间祭祀活动的融和性、群体性、传承性、娱乐性、教育性等普遍特征，更有浓厚的地域文化特色。

三、半山立夏习俗的保护历程和特色价值

[壹] 保护历程

半山立夏习俗因各种原因，一度面临窘境，但在政府和各级文化主管部门的关怀与支持下，通过广大文化义工们的共同努力，重新焕发光彩。如今，半山立夏习俗活动有着广泛的群众基础，是政府主导、社会参与保护非物质文化遗产的生动实践。

（一）新时代保护传承缘起

立夏吃乌米饭是半山人的旧俗，家家户户都会烧乌米饭，孩子们玩斗蛋，去野地里烧野米饭。20世纪50年代末，半山成为杭州重工业和建材工业等重要生产基地，杭州钢铁厂和杭州玻璃厂等一批大型企业在半山西南侧相继建成投产，厂房鳞次栉比，烟囱高耸林立。半山的产业结构从农业生产转向工业生产，人口结构由从事农业劳动的农民转变为参加工业生产的工人，当地民众的身份和生活环境、条件有了变化，加之众多的人文资源被改造利用，从而生活习惯也发生了重大变化。由此，半山立夏习俗等诸多民风民俗逐渐在民众的生活中淡化。

半山娘娘庙，始建于南宋绍兴初年，八百多年以来，半山娘娘庙屡建屡毁，然而遗址上的香火却延绵不断。20世纪80年代，每逢半山娘娘庙庙会和五月初一娘娘诞辰日，杭嘉湖地区的蚕农和善男信女前往半山娘娘庙遗址上祭拜，香火极为旺盛。20世纪90年代，半山及周边地区的诸多民众找到居住在半山的倪氏长者倪洪校，建议恢复重建半山娘娘庙。倪洪校带领倪洪祖、倪根生和杨兰子等人前往半山娘娘庙遗址周边详细勘察后，决定在遗址前重建半山娘娘庙，并走门串户筹集资金。经集资、设计和施工，半山娘娘庙于1993年6月建成并正式对外开放。

半山娘娘庙有一个不成文的规定，即每逢正月初一和十五、二月初八、二月十九、三月初三、五月初一、六月十九、九月十九和十月初十，向香客免费供应早餐和中餐及茶水。免费供应早餐的面条和中餐的米饭最多的时候一天需要150斤左右的干面和250斤的大米。重建开放后的半山娘娘庙聚集了极为旺盛的人气，半山立夏习俗又有了开展活动的场地和传承的平台。

为了传承保护半山优秀传统文化，在拱墅区文化部门的大力支持和精心指导下，半山娘娘庙管理小组成员积极筹建，杭州市拱墅区皋亭文化研究会于2002年5月正式成立，办公地点设在半山娘娘庙内。研究会成员按照工作部署，多次深入半山的山麓坞岭挖掘半山历史文化资源，寻找历史建筑遗址和实物遗存，探寻

半山民风民俗。经不懈努力，寻找到一块清道光十九年（1839）重建半山娘娘庙山门功德碑，这块曾被当作洗衣板多年的半山娘娘庙实物遗存被抢救了回来。

道光十九年的半山娘娘山门功德碑

登门寻访老人挖掘半山文化

翻山越岭挖掘半山文化遗存

（二）共同的民间信仰形成节气习俗

随着杭州社会经济的发展，尤其是城市化进程的加快，半山地区民众的居住条件和生活水平不断提高。在具有悠久历史、自然资源独特和文化积淀深厚的环境中繁衍生息的半山人民，有着"仓廪实而知礼节，衣食足而知荣辱"的特性，具有善良淳朴、乐于助人、刚柔相济和包容大方的性格。

2006年立夏日前夕，时任杭州市拱墅区皋亭文化研究会秘书长、半山娘娘庙的管理人员倪爱仁，想在立夏日这天利用半山娘娘庙的食堂烧乌米饭，以此逐渐恢复半山地区民众立夏日吃乌米

半山立夏节上派发乌米饭、蚕豆

饭的风俗。立夏日当天，倪爱仁和志愿者在半山娘娘庙的食堂里烧出了第一锅乌黑发亮、香喷喷的乌米饭。在场的管理人员和志愿者争先恐后地排队领取品尝。90岁的杨兰子老人边吃边说："谁想出来今天烧乌米饭的？"倪爱仁说："今天是立夏节，我们半山人家都会烧乌米饭的。我想试试看烧乌米饭烧好后，大家还欢喜不欢喜吃。"杨兰子伸出大拇指说："你这个做法好！半山人家一直以来就有烧乌米饭、吃乌米饭的习惯，十人九欢喜的。"

时至2007年的立夏日，在半山娘娘庙，由杭州市拱墅区皋亭文化研究会主办的首届半山立夏节活动开始了，一批志愿者在

立夏节成为半山人的节日

立夏节半山娘娘庙广场上锣鼓喧天

半山娘娘庙食堂里烧制乌米饭，并免费发放给前来参加活动的民众和游客品尝；邀请当地学校的师生加入烧野米饭活动，以此推动半山立夏习俗的传承。还有称人、社区文艺队演出等，吸引了社会各群体、社团前来参与和观摩。共有18家新闻媒体争相报道，产生了较大的社会影响。之后半山立夏节每年举办，活动的内容也一年比一年丰富，来的人一年比一年增多，成为半山的盛大节日。

（三）政府主导下社会广泛参与

杭州市拱墅区历届政府和有关部门负责人高度重视非物质文

化遗产的传承与保护。2012年立夏开始，拱墅区政府主办半山立夏节，大力支持皋亭文化研究会组织民俗活动，半山立夏节规模越来越大，参与活动的市民越来越多，至2022年立夏日，拱墅区政府已连续主办十一届半山立夏节。随着多彩的民俗活动氛围日益浓厚，仅发放乌米饭的数量就可见受欢迎程度，据2021年统计，烧乌米饭的食材糯米从2016年的1000多斤增加到7100斤，南烛叶从2016年的150斤增加到1150斤。当年共免费向社会各界发放乌米饭数量达26000多盒，参加活动人数达3万多人次。

2014年，中国农业博物馆、中国非物质文化遗产保护中心牵头向联合国申报项目，拱墅区半山立夏习俗参与其中，并提供了

2017年立夏，拱墅区邀请全国"二十四节气"保护社区召开"二十四节气"保护联盟成立大会，发起成立全国二十四节气保护联盟

相关图文和视频资料。2016 年 11 月，在埃塞俄比亚首都亚的斯亚贝巴举行的联合国教科文组织保护非物质文化遗产政府间委员会第 11 届常会上，一致同意将"二十四节气——中国人通过观察太阳周年运动而形成的时间知识体系及其实践"列入人类非物质文化遗产代表作名录。拱墅区成为全国十个代表性保护社区之一。2017 年 5 月，在二十四节气列入人类非物质文化遗产代表性名录后的首个立夏节，拱墅区作为二十四节气中立夏的代表性保护社区，发起并召开"二十四节气"保护联盟成立大会，联合其他 11 个保护单位成立保护联盟，发布《"二十四节气"保护联盟公约》，为下一步的保护传承打下了基础，为开展合作交流提供了条件。

2020 年 12 月，"二十四节气保护传承联盟"在中国农博馆正式成立，杭州市拱墅区非物质文化遗产保护中心当选为"二十四节气保护传承联盟"常务理事单位。2021 年 5 月，半山立夏习俗列入第五批国家级非物质文化遗产代表性项目名录。

在每年立夏节前，拱墅区都会在组织民俗活动的同时，邀请全国各地的专家、学者和代表性传承人参加"立夏论道"活动。2019 年 5 月，以"城市发展中的非遗保护"为主题召开研讨会，非物质文化遗产专家团在大运河畔对半山立夏习俗保护传承进行论证指导，与会专家认可拱墅区提出的城市社区保护模式，注重包容性，以人口的流动加强文化对话，将传统与当下、乡村与城

市、当地与流动结合起来，增强文化自信。2021年5月，举行"大运河节气文化与旅游融合"论坛。论坛得到文化和旅游部非物质文化遗产司、中国农业博物馆、浙江省文化和旅游厅的支持。邀请高校和研究单位的专家学者、文旅单位的工作者，以及非物质文化遗产研学相关教育工作者约80人参加。为期两天的论坛，与会专家就节气文化传承与当代生活、节气文化保护与文旅融合、节气文化创新与研学教育三个议题进行了广泛的研讨交流。拱墅区政府以《文旅融合背景下非遗传承保护的拱墅实践》为题作了主旨发言，阐述了一直以来在积极推动以立夏习俗为代表的节气文化融入生活的做法，并且提出在文旅融合深度和广度极大提升的情况下非物质文化遗产赋能的新思考，得到与会专家学者的高

大运河节气文化与旅游融合论坛

度认可。

[贰] 主要特色

半山立夏习俗有着节气民俗和民间祭祀活动的融合性、群体性、传承性、娱乐性、教育性等普遍特征，更有浓厚的地域文化特色。

（一）文化积淀深厚

半山立夏习俗产生和发展于历史文化底蕴深厚的拱墅区半山一带，人们的生产生活受到农耕节气的深远影响，尤其立夏习俗活动和传说都具有悠久的历史根基。

半山的"乡土之魂"——半山娘娘信仰，让半山立夏习俗更具有了凝聚力和感召力。立夏习俗在传承中所开展的诸多民俗文

孩子们参加半山立夏节

化活动的场地都是以半山娘娘庙作为主要平台，与半山娘娘信仰之间形成了一种共生共荣现象。在一代代半山人的实践和情感积累中，独特的立夏习俗，承袭了半山历史文化记忆。

（二）活动富有活力

一直以来，半山一带民众在立夏节都会自发到半山娘娘庙，

琳琅满目的立夏食品

吃乌米饭、尝新、称人都是必不可少的保留项目。农耕生产与大自然的节律息息相关，民以食为天，立夏时节，经三春地气滋养，万物生长，半山山肴野蔌，瓜果河鲜成熟，各路应季时鲜源源不断入市，人们尝新，感恩于大自然的馈赠。

半山立夏习俗不但体现在吃，更是在精神信仰层面的"和"，体现了人与自然、人与人之间的和谐。旧时立夏四月是农事、蚕事繁忙的月份，人们要把夏天的生活安顿好，利于稻作和桑蚕生产。现如今，人们依然在立夏祈福迎祥，以立夏节特有的方式来

吃乌米饭的孩子们

孩子们自烧自吃

现场书法、绘画等深受欢迎

许多民间表演艺术家上台献艺

半山立夏节上开心的孩子们

避邪应对，祈愿风调雨顺、身体康健。半山立夏节活动，形式多样，体验感好，男女老少都乐于参加，开心热闹。

（三）融入现代生活

在现代社会，二十四节气对农业生产的指示功能在很大程度上已经弱化，只有将习俗融入现实生活，节气文化才能保持生机活力，得到更好的传承。半山立夏习俗与老百姓生活密切关联，是优秀传统文化创新性融入当代城市文化生活的有益实践，具有明显的城市节气习俗特色。

传统立夏民俗活动，通过立夏节，整合融入了跑山迎夏、半

立夏跑山中的汉服队伍

半山立夏节本土老药号免费健康咨询

山运动嘉年华、本土老药号免费健康咨询义诊、非遗市集等活动，吸引人气，带动文旅融合发展。如今，在春夏之交，更多杭州周边市民到半山游玩看戏赏花，沉浸式体验传统节气习俗，感受运动健康的生活理念和积极向上的生活方式，立夏节已经成为当地老百姓的节日。

拱墅区对半山立夏习俗和二十四节气的保护传承，除了立夏日节点的集中呈现外，更融于日常的生活中，相关的展示宣传、传习体验等贯穿全年，传统民俗与现代生活相结合，更强的参与感和互动感让人们生活更美好，增进了社会和谐。

（四）多方协力守护

半山立夏节的形成经历了从自发到有组织的过程。拱墅区成立全区文化工作领导小组，出台非物质文化遗产保护政策，完善体系，分类保护，探索非物质文化遗产保护与传承机制，实现有效保护。政府主导，社会参与，拱墅区委、区政府，以及属地半

每年立夏节前，拱墅区政府召集相关部门召开协调会

山街道，还有拱墅区皋亭文化研究会的工作者、志愿者想办法，出主意，找亮点，让半山立夏活动更生动、鲜活。

立夏活动从前期计划到后期实施，有资金保障，有专家的指导和参与。拱墅区文化和广电旅游体育局具体协调对接半山街道及拱墅区皋亭文化研究会，确定活动方案，细化实施方案，区政府办每年召开专题协调会。立夏节当日，公安、交警、消防、卫健、城管等部门人员维护现场秩序，提供服务，为活动保驾护航。

中国旅游研究院融合创新研究基地首席专家周玲强教授在大运河节气文化与旅游融合论坛上曾说："作为一个节气活动，能够连续办十年，我觉得是非常不容易的，尤其是在现代文明的冲击下持之以恒一直办下来，可以看到拱墅区委区政府对文化的重视

井然有序的立夏派发乌米饭现场

以及传承的信心。"

（五）传播影响广泛

半山立夏习俗受惠民众广泛，遍及周边街道社区，影响力辐射杭嘉湖地区，每年参加活动在3万人左右。

每年立夏节，都有大量媒体聚焦半山，包括人民日报海外版、中新社、文汇报等全国主流媒体都对半山立夏习俗活动做了全方位报道。2018年央视七套"乡土"栏目组拍摄并播放了《半山的夏天》专题纪录片，产生了广泛的影响。2019年制作的《半山乌米饭》纪录片，获得"运河记忆"微电影大赛优秀纪录片奖。

广受媒体关注

立夏节，孩子们演唱《立夏歌》

2017 年，拱墅区文化馆创作的《立夏歌》，突出半山特色，旋律轻快流畅，广为传唱，拍摄的《立夏歌》MV，展现了立夏民间风俗。2017 年 8 月，赴中国农业博物馆参加"二十四节气展览"活动，2019 年 6 月，赴广州参加全国文化和自然遗产日主场活动，走出拱墅，扩大了影响力。

2017年8月，赴北京中国农业博物馆参加二十四节气展览活动

2019年6月，赴广州参加全国文化和自然遗产日主场活动

[叁] 社会价值

半山立夏习俗，男女老少广为参与，世代相传，并不断发展，延续至今已融入老百姓的生活中，立夏节这天杭城的乌米饭也供不应求。通过活动的开展和宣传，增进了民众对节气知识和相关文化的认知和了解，提升了参与群体的凝聚力，丰富了民众的文化娱乐活动，增强了拱墅人的文化自信和文化自觉，寄予了人们对美好生活的期盼。

（一）唤起美好记忆，对乡愁的情感寄托

随着城市化加速推进，半山街道全域拆迁，高楼大厦拔地而起，农民全部变成了居民。原住民因拆迁改变了原有的生存空间，散居各处过渡，很少相聚。半山立夏节活动又让大家聚集在一起，找回旧时情境。在传统立夏意象中，男人披蓑戴笠春耕，女人戴着头巾饲喂蚕宝宝，孩子们嘻嘻哈哈地吃着乌米饭、野米饭，一起称人、斗蛋。生动、趣味的画面，唤起了半山人深层文化记忆。乡愁是一生情，乡愁是化不开的文化情结。

立夏活动现场，不少民众好奇并主动询问立夏节气和一些饮食习俗的由来，外地游客也因为看到这热闹繁忙的景象而回忆起自己家乡的立夏节气习俗，并就两地异同进行对比，激起更多人的乡愁，更激发了爱国、爱家的情感。

（二）加强团结凝聚，提升地方文化的认同感

立夏节活动开展的场所——半山娘娘庙，虽是家庙，但已成为公共的活动场所。负责操持半山立夏节民俗核心事务的拱墅区皋亭文化研究会，成员多数是当地倪氏宗族成员或与倪氏宗族有着或近或远关系的人。可以说，通过半山立夏节的举办，倪氏宗族成员之间的相互联系多了，互帮互助增加了感情，从而宗族内部之间的凝聚力与日俱增。

半山社区的积极支持，更多的人参与到立夏的准备，社区民众自发加入文化志愿者队伍，大家在一起摘洗南烛叶、烧乌米饭、剥蚕豆、组织文艺表演等等。这些忙于后勤事务的人员，大多数

"立夏"农具展上，小学生在听老农具的故事

立夏前，民间画灶师胡永兴在灶头上画画

是出于对半山娘娘的崇信而来。大家共同出力，增强了民众内部
凝聚力，也在实践中团结互助，分享成果，提升了文化自信，形
成了良好的社会文化氛围。

　　半山立夏节也已成为老百姓自己的节日。"送春迎夏"仪式祭
祀炎帝、祝融和半山娘娘，提高人们对半山文化的认识，派发乌
米饭、半山娘娘庙会等活动，让更多不同年龄、不同职业的人参
与其中，提升了对当地文化的认同感，也激发了文化创新能力。

义工在一起串"蚕豆串"

外国友人体验立夏称人

（三）适应现代生活，体现重要的科学价值

半山立夏习俗体现了当地民众对二十四节气的理解与实践，反映了朴素的宇宙观、生产实践观、天人和谐相应的自然观与哲学观，在这些观点的引导下，形成了一整套独特的生活规律与行事特征，具有指导实践的科学价值。

二十四节气是人们生活实践的风向标。经过长期发展，围绕着二十四个节气形成了许多与衣食住行相关的生活习惯，塑造了人们在特定时间节点上的生活方式，增添了不同的生活选择。比如"立夏吃乌米饭"，按中医说法，乌米饭营养丰富，适用于体质虚弱、脾胃虚寒等症状，具有润肠通便、缓解疲劳等功效，这种饮食习惯符合该时节人们补养身体的需要。立夏吃乌米饭又是

即将出锅的乌米饭

半山立夏传承的是美好和希望

因为该季节南烛叶刚长新叶，食材既新鲜又富有营养，同时香喷喷的乌米饭口感清香，体现了古人食疗的智慧。又如吃野米饭，多种食材掺杂一起，美味尝新，更是营养均衡。二十四节气蕴含着"尊重自然时间、尊重生命规律"的传统文化智慧，即使在现代社会依然具有调节生活节奏与生活方式的指导意义，具有重要的科学价值。

（四）继承弘扬民族精神，发挥社会教育作用

半山立夏习俗源远流长，经历了岁月洗礼仍生生不息，不仅是传统文化的重要基石，还发挥了传统文化的社会教育作用。半

参与立夏活动，对孩子潜移默化的教育

山立夏习俗依托于半山娘娘庙，每年立夏节活动以娘娘庙为中心，在其周边广场举行。撒沙护国显应半山娘娘的"显应"两字就是娘娘之忠魂，半山娘娘是半山的灵魂和信仰，半山娘娘精神对当地民众的教育植根于内心深处，影响是一辈子的。半山立夏习俗的教育性不但歌颂半山娘娘忠贞爱国高尚的民族精神，还蕴含着以恩报德，祈求平安健康、丰衣足食、国家繁荣昌盛的愿景。

　　另外，立夏习俗活动中，孩子们烧制野米饭是一种回归野趣、亲近自然的好方式，这就是一个培养互帮互助、合作共赢理念的

立夏活动是小朋友们的大课堂

过程，也有利于培养孩子们勤劳友善、自力更生精神；立夏斗蛋中为取胜须勇敢又有智慧；立夏称人不会疰夏，免除疾病缠身，传递了养成良好生活习惯、养身健体的理念；半山泥猫制作技艺精湛，极具匠心，又是勤劳致富、生态平衡、乡村振兴的好教材。

（五）丰富社区实践，体现中华文化多样性

拱墅区作为二十四节气立夏的主要保护社区，与全国其他相关社区共同努力，结合当地富有特色的民俗活动开展具体实践活动，遵照联合国教科文组织《保护非物质文化遗产公约》，积极履

半山立夏风雨无阻，大手拉小手传承延续

行保护传承义务。

半山立夏习俗有着丰富的内容，继承传统，守正创新，打造适应现代都市发展的传统文化生态空间。半山立夏节继承着南宋遗韵，节气习俗重现宋朝人当年"风雅处处是平常"的生活美学，传承节气文化对发掘研究宋韵文化、推动新时代的创新发展具有重要意义。

拱墅区整合各项文化要素融入半山立夏节，并以创新的视角挖掘文化资源，更好地实现传承与发展。比如以半山立夏节为载体，将很多适合现代生活的传统文化内容融入立夏节活动之

在拱墅区召开浙江省"二十四节气"保护工作座谈会

中，热闹紧凑，具有仪式感，活动形式更加丰富多样，传递了人们珍爱生命、关注健康、爱护生态的正能量，使二十四节气在创新中更好地传承、发扬。还有非遗市集、节气进学校等活动，极大地丰富了民众的文化娱乐生活，同时也搭建了人与人之间相互沟通交流的平台，满足了精神文化需求。拱墅区政府提炼总结节气保护的拱墅实践样本，共同为人类非物质文化遗产代表作项目"二十四节气"的保护传承贡献力量。

（六）助力文旅融合，推动地方非遗旅游发展

拱墅区位于京杭大运河最南端，北部的半山是一座历史文化悠久的名山，一山一水让拱墅成为一方灵秀之地。娘娘庙所在的半山国家森林公园，风光独好，到了娘娘庙，登上望宸阁，登高望远，会发现大运河蜿蜒流淌，生生不息，还有遍布街巷的人间烟火气。

随着工业化、城市化、信息化的日益推进，我们的生产体系和社会生活发生了巨大的变化，人们与自然日渐疏离。立夏节让人们走进大自然，随着半山立夏节的知名度越来越高，参与人数逐年增加，游人如织的半山俨然是一道亮丽的风景线。

人文资源是旅游发展的基础，同时旅游的发展也将带动进一步发掘文化内涵。半山立夏节与旅游融合，公园内设置了民俗园，娘娘庙上面的云锦台，是半山最好的观景点，望宸登高、半山观

拱墅区大运河、半山旅游资源丰富

桃，近看运河、远眺钱江，富有半山神韵，充满文化体验，尽显半山魅力，受到游客热捧。如今半山森林公园的人气比以前旺了，每到立夏季，半山民俗游成了公园旅游亮点。半山立夏节庙会促进了民俗旅游消费，游客在现场获得欢乐感后产生了十分强烈的购买消费欲望，就连半山路上的饭店旅馆也生意兴隆，营业额成倍增长。一方水土，带动了一方经济的发展，半山立夏节推进文旅融合发展，搭建传统文化传播、交流的桥梁，提升了优秀传统文化可见度。

半山国家森林公园里介绍二十四节气的石碑

四、半山立夏习俗传承与保护

以立夏文化为内核的民俗活动，包含了物质创造和精神追求，即体现了社会文化的发展历程，又反映出民众对美好生活的向往。保护传承好半山立夏习俗，讲好拱墅故事，对拱墅区的经济、社会和文化发展，以及精神文明建设有着极为重要的意义，也将为绘就大运河文化新画卷增添浓墨重彩的一笔。

四、半山立夏习俗传承与保护

立夏节产生于农耕社会的背景之下，蕴藏于百姓生活当中，过去人们生活节奏较慢，半山立夏习俗与半山民众的生活习惯、经济状况、自然条件相关，有着广泛的群众基础。但是，随着城市化进程的推进和现代人们生活节奏的明显加快，半山立夏习俗生存的土壤和环境变了，民俗传承凝结着全社会的共同努力。

[壹] 代表性传承人与传承群体

半山立夏习俗目前有浙江省级非物质文化遗产代表性传承人1名，拱墅区级非物质文化遗产代表性传承人1名。杭州市拱墅区皋亭文化研究会是半山立夏习俗的保护单位，目前会员及主要志愿者近100人，是立夏习俗的主要传承群体，掌握和实践着半山立夏习俗的各重要环节，分工协作，共同承担着半山立夏习俗的传承保护工作。

（一）代表性传承人

倪爱仁，男，1948年1月出生，浙江杭州人。现居于拱墅区半山街道半山社区。原杭州丝绸印染联合厂职工。自2002年5月至今，历任杭州市拱墅区皋亭文化研究会秘书长、会长、名誉会

倪爱仁在二十四节气专题展现场

长。2010 年，被认定为半山立夏习俗杭州市级非物质文化遗产代表性传承人，2017 年，被认定为浙江省级非物质文化遗产代表性传承人。

倪爱仁家族世居半山村，长久以来承担着管理娘娘庙、组织立夏各类仪式活动的职责。其父倪洪校生前是半山倪氏家族德高望重的族长。1990 年倪洪校在半山老百姓的强烈要求下，克服种种困难，带领大家重建了半山娘娘庙。倪爱仁在先辈的感染和带领下，耳濡目染，自小热爱民俗文化，自 20 世纪 80 年代开始，利用闲暇时间研究半山民俗文化，至今已从事非物质文化遗产项目传承实践 40 余年。

2002 年他牵头组建拱墅区皋亭文化研究会，担任秘书长，并

开始带领团队挖掘半山立夏的相关习俗、文化。2007年开始担任拱墅区皋亭文化研究会会长，协调组织立夏习俗的各项民俗活动，引导志愿者参与立夏节各个活动环节。他多次参加中国农业博物馆、省内外有关单位主办的非物质文化遗产专题展示和非遗进校园、进商场、进景区等活动，配合各级各部门有关单位开展半山非物质文化遗产专题调查，经常接受中央电视台及省、市电台、电视台和报刊等媒体的专题采访。

2019年至今，倪爱仁担任拱墅区皋亭文化研究会名誉会长，他"退位不退志"，不仅做好"传帮带"，还积极辅佐新会长接任研究会工作，悉心指导年轻人参与半山立夏习俗活动，不断挖掘恢复半山夏民俗活动中的多个项目。他物色挑选热爱半山文化，并愿意全心全意、无私奉献的传承后备人才，积极培养新一代传承人，目前6人已基本掌握了半山立夏习俗的各项仪程仪轨，熟悉有关民俗活动的流程，且能灵活运用于实践。2019年倪爱仁被评为拱墅区非物质文化遗产传承保护贡献奖和年度优秀志愿者，2020年被评为拱墅区"最美文旅人"。

倪建军，男，1970年7月出生，浙江杭州人，现居于杭州市拱墅区半山街道桃源社区。原杭州钢铁集团职工。现任拱墅区皋亭文化研究会副会长，师承倪爱仁。2019年6月被认定为半山立夏习俗拱墅区级非物质文化遗产代表性传承人。

倪建军是半山本乡本土人，在杭钢停产转型后，他根据研究会工作安排，跟随老会长倪爱仁跑遍了半山，参与对半山文化的挖掘工作，把原来深藏在各处每个角落的历史文化、习俗文化一点一点"抠"了出来。2007年9月，拱墅区皋亭文化研究会第二届领导班子产生，他是成员之一。

倪建军在准备乌米饭

倪建军负责的"送春迎夏"仪式井然有序，仪式场面盛大，涉及人员众多，方方面面的准备工作都考虑周全，如巡游项目、组队人员的落实，服装、道具的整理，相关道具制作等，还有立夏称人、烧乌米饭、野米饭、斗蛋、七家茶、尝新、图片展、农具展、非遗项目展示等等都要一一落实到每个人。他话不多，贵在行动，一门心思认真负责做好立夏活动。

此外，他还负责半山立夏节后勤和物资保障工作，做好半山娘娘庙内前后左右环境清洁，他带领志愿者们把半山娘娘庙的立夏活动现场布置一新。活动期间对食物食品的卫生标准要求很高，根据相关部门对半山娘娘庙食堂的卫生要求，对相关食材采购进

行跟踪检测，以及检查食堂工作人员和志愿者的健康证。2017年至今他所负责的立夏习俗活动物资采购，包括采购的糯米、南烛叶、白糖、包装盒（袋）等等，从未发生过食品卫生事件。面对种类繁多、琐碎繁杂的工作，他从不厌烦，每个环节都严格要求，从未出现过掉链子的情况，为大家所称道。

（二）传承群体

民俗类项目离不开群体传承，半山立夏习俗的传承也是有很多默默无闻的奉献者共同努力着。在代表性传承人带领下，杭州市拱墅区皋亭文化研究会还有更多人员发挥着重要作用，主要有：

倪爱勇，男，1960年7月出生，浙江杭州人，现居于杭州市拱墅区半山街道半山社区。原为杭州汽轮机股份有限公司职工，

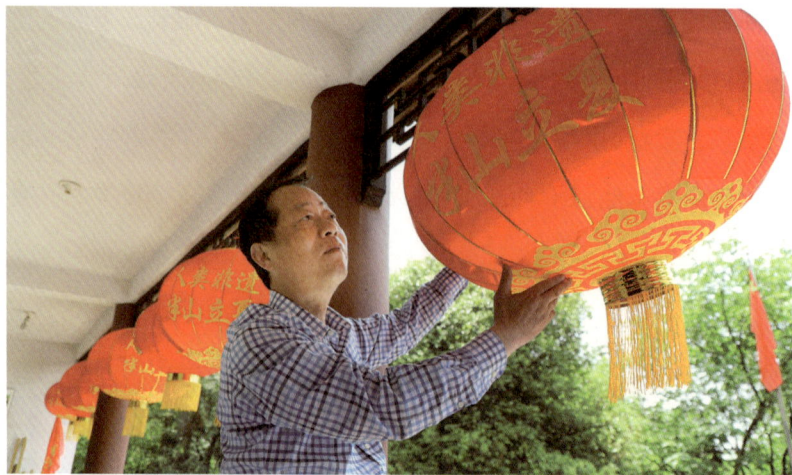

拱墅区皋亭文化研究会会长倪爱勇悬挂立夏节灯笼

动力车间工会主席。现任杭州市拱墅区皋亭文化研究会会长。全面主持包括半山立夏习俗在内的非物质文化遗产代表性项目保护工作，负责日常工作、制度建设和队伍建设，组织会员开展半山立夏习俗的"送春迎夏"仪式、烧乌米饭及发放、烧野米饭等各项工作。

倪爱明，男，1946 年 5 月出生，浙江杭州人，现居于杭州市拱墅区半山街道半山社区。原杭州拱墅区发展改革局企业管理科科长。现任杭州市拱墅区皋亭文化研究会副会长。参加半山地域文化挖掘工作，并积极为半山立夏习俗传承工作出谋划策。

倪志忠，男，1962 年 6 月出生，浙江杭州人，现居于杭州市拱墅区康桥街道蒋家滨社区。先后在杭州蒋家浜造纸厂、杭州紧固件厂等地工作。现任杭州市拱墅区皋亭文化研究会副会长。发动居住地民众捐款重建半山娘娘庙，挖掘半山地域文化资源，负责"送春迎夏"仪式的后勤保障工作。

沈永良，男，1962 年 1 月出生，浙江杭州人，现居于杭州市拱墅区半山街道云锦社区。高级政工师、浙江省儒学学会会员、杭州市摄影家会员。历任半山镇广播站站长，半山镇党政办副主任，华数集团党群工作部主任、监察室主任、工会专职副主席等职。现任杭州市拱墅区皋亭文化研究会副会长。三十多年来，深入挖掘半山地域文化，采写发表了近百篇文稿，为弘扬半山地域

文化、非遗保护与传承做出了重要贡献。

倪建勇，男，1965 年 5 月出生，浙江杭州人，现居于杭州市上城区。现任中国民俗学会会员、中国民俗摄影协会会员、杭州市拱墅区皋亭文化研究会副会长。参与"送春迎夏"仪式并担任现场总指挥和主持人，参加半山立夏习俗项目在省内外的非物质文化遗产展示，创设"杭州市拱墅区皋亭文化研究会"公众号。

倪齐英，女，1956 年 6 月出生，浙江杭州人，现居于杭州市拱墅区半山街道半山社区。历任浙江大学幼儿园园长和党支部书记、浙江省高校幼教研究会副理事长、全国高校幼教研究会副理事长。现任杭州市拱墅区皋亭文化研究会秘书长。负责半山立夏习俗等非物质文化遗产代表性项目和代表性传承人定期评估、传承保护资金和各级各部门下达的各类材料填报，以及宣传报道和公众号管理等。

朱宝华，男，1957 年 8 月出生，浙江杭州人，现居于杭州市上城区。历任杭州市社会科学院社会学研究所和经济研究所助理研究员、杭州市社会科学界联合会（杭州市社会科学院）科研管理处副处长兼党总支副书记和办公室主任兼纪检组副组长。现任杭州市拱墅区皋亭文化研究会常务理事。长期研究半山地域文化，先后编纂出版《半山娘娘》等 6 部专著。参加省、市媒体专访录制，宣传半山立夏习俗。

倪健康，男，1952 年 4 月出生，浙江杭州人，现居于杭州市拱墅区半山街道半山社区。原浙江麻纺厂职工。现任杭州市拱墅区皋亭文化研究会常务理事。参与重建半山娘娘庙、半山泥猫定制等工作。参与半山立夏节民俗活动组织，负责消防安全、现场管理和需用物品等后勤保障工作，以及"送春迎夏"仪式。

李小林，男，1945 年 11 月出生，浙江杭州人，现居于杭州市拱墅区半山街道半山社区。原杭州汽轮机长职工。现任杭州市拱墅区皋亭文化研究会常务理事。主要负责乌米饭食材南烛叶机械榨汁等工作，他充分发挥自己的聪明才智，采用粉碎机设备粉碎南烛叶的办法，再进行杠杆式人工榨汁，从而极大地减少了工作程序，降低了工作强度，提高了工作效率，提升了南烛叶汁的质量，为乌米饭的品质提供了保障。

倪齐潮，男，1945 年 2 月出生，浙江杭州人，现居于杭州市拱墅区半山街道半山社区。原杭州玻璃厂职工。历任杭州市拱墅

挖掘半山地域文化

立夏节前，义工正在做准备工作

挑选乌饭叶，准备烧乌米饭原材料

准备送春迎夏仪式

区皋亭文化研究会副会长、常务理事。参加半山娘娘庙重建工作，现主管日常事务。参与半山泥猫定制、首届半山立夏节活动和祭祖仪式等有关工作。

　　杭州市拱墅区皋亭文化研究会在促进半山立夏习俗传承中，还有一批长期关心和支持的老前辈，以及积极参与"送春迎夏"祭祀仪式策划、乌米饭烧制和分装发放、后勤保障及综合行政等工作中发挥骨干作用的志愿者近百人。主要有：

序号	姓名	性别	籍贯	出生年月	参与起始（年）	参与主要工作
1	蒋文琴	女	浙江杭州	1966.01	1996	组织参加"送春迎夏"仪式（提炉灯、击鼓、旗袍队、蚕娘队、蚕花姑娘队、乐队、文艺表演、音控、端供品等。）
2	倪爱元	男	浙江杭州	1951.01	2007	
3	倪良荣	男	浙江杭州	1952.01	2007	
4	倪爱全	男	浙江杭州	1958.03	2007	
5	洪月仙	女	浙江杭州	1960.12	2007	

6	章国萍	女	浙江杭州	1961.01	2007	
7	倪爱如	男	浙江杭州	1963.01	2007	
8	蒋国芳	男	浙江杭州	1963.01	2007	
9	钱江潮	男	浙江杭州	1967.01	2007	
10	倪建丽	女	浙江杭州	1970.11	2007	
11	陈美琴	女	浙江常山	1977.11	2007	
12	倪其德	男	浙江杭州	1964.06	2015	
13	倪国明	男	浙江杭州	1982.06	2015	
14	沈连发	男	浙江杭州	1953.01	2017	组织参加"送春迎夏"仪式（提炉灯、击鼓、旗袍队、蚕娘队、蚕花姑娘队、乐队、文艺表演、音控、端供品等。）
15	李芹仙	女	浙江杭州	1955.01	2017	
16	曹建根	男	浙江杭州	1955.01	2019	
17	倪根龙	男	浙江杭州	1957.01	2017	
18	闻虎儿	男	浙江杭州	1958.01	2017	
19	倪建庆	男	浙江杭州	1963.01	2017	
20	张宏教	男	浙江杭州	1966.02	2017	
21	倪剑东	男	浙江杭州	1967.01	2017	
22	倪建国	男	浙江杭州	1970.01	2019	
23	倪玉珂	女	浙江杭州	2008.01	2019	

24	杨兰子	男	浙江杭州	1924.04	1990	
25	蔡凤香	女	浙江东阳	1927.01	1990	
26	倪明仙	女	浙江杭州	1954.07	1993	
27	俞叙宝	男	浙江杭州	1925.01	1990	
28	毛文龙	男	浙江杭州	1926.10	1990	
29	洪小尚	男	浙江杭州	1929.01	1990	
30	倪艳兰	女	浙江杭州	1935.12	1990	
31	倪妙莲	女	浙江杭州	1945.12	1991	
32	胡云妹	女	浙江杭州	1947.08	1991	烧制乌米饭和野米饭
33	朱兴辉	女	浙江杭州	1948.04	1993	（取米淘米、叶汁浸
34	陈炳跃	男	浙江杭州	1937.08	1996	泡、入锅或装盘、出
35	倪梅仙	女	浙江杭州	1955.09	1996	锅或出炉、入盆待装
36	倪素仙	女	浙江杭州	1957.06	1996	等。）
37	胡桂英	女	浙江杭州	1951.01	2005	
38	钱阿水	男	浙江绍兴	1934.01	2007	
39	詹爱仙	女	浙江杭州	1951.01	2007	
40	沈如坤	男	浙江杭州	1956.02	2007	
41	钱春芬	女	浙江杭州	1961.01	2007	
42	钱菊芬	女	浙江杭州	1963.01	2007	
43	蒋福英	女	浙江杭州	1941.01	2009	

44	包水良	男	浙江绍兴	1950.01	2009	烧制乌米饭和野米饭（取米淘米、叶汁浸泡、入锅或装盘、出锅或出炉、入盆待装等。）
45	倪素英	女	浙江杭州	1954.01	2009	
46	陈福珍	女	浙江杭州	1955.01	2009	
47	蒋秋英	女	浙江杭州	1960.01	2009	
48	杨连珠	女	浙江义乌	1958.08	2002	制作泥猫
49	章清	女	浙江杭州	1969.01	2003	组织斗蛋游戏
50	李雪林	男	浙江杭州	1942.10	2007	称人过秤
51	李福勤	女	浙江杭州	1949.01	2017	
52	顾作民	男	浙江杭州	1944.01	2007	书法作品书写赠送
53	许阿根	男	浙江杭州	1943.02	2009	草鞋编织展示
54	许桂芝	女	浙江杭州	1946.05	1990	后勤保障（采摘南烛叶、乌米饭分装和免费品尝发放、砌烧野米饭灶头、设备添置和维护、运送物料、水电安装维修、食堂烹饪和清洁卫生。）
55	倪齐华	女	浙江杭州	1949.01	1991	
56	倪艳凤	女	浙江杭州	1945.01	1996	
57	倪林荣	男	浙江杭州	1954.06	2005	
58	章杏芬	女	浙江杭州	1965.01	2005	
59	李幼林	男	浙江杭州	1949.02	2007	
60	蔡艳荣	男	浙江杭州	1952.01	2007	
61	何伟利	男	浙江杭州	1961.11	2007	
62	寿文娟	女	浙江杭州	1963.01	2007	
63	胡乐安	女	浙江杭州	1964.01	2007	
64	钱沈娟	女	浙江杭州	1965.01	2007	

65	金惠娟	女	浙江杭州	1969.01	2007	
66	鲁国庆	男	浙江杭州	1970.01	2007	
67	倪跃峰	男	浙江杭州	1955.01	2009	
68	王福祥	男	浙江杭州	1956.01	2009	
69	孔皖均	男	浙江杭州	1957.05	2009	
70	孔维宏	女	浙江杭州	1959.12	2009	
71	沈莲珍	女	浙江杭州	1963.03	2009	后勤保障 （采摘南烛叶、乌米饭分装和免费品尝发放、砌烧野米饭灶头、设备添置和维护、运送物料、水电安装维修、食堂烹饪和清洁卫生。）
72	倪建国	男	浙江杭州	1968.01	2009	
73	高建龙	男	浙江杭州	1962.05	2016	
74	沈国仙	女	浙江杭州	1962.01	2016	
75	李水凤	女	浙江杭州	1946.01	2017	
76	孙菊花	女	浙江杭州	1946.01	2017	
77	倪艳芬	女	浙江杭州	1959.01	2017	
78	倪镇杭	男	浙江杭州	1962.01	2017	
79	于有祥	男	浙江杭州	1962.05	2021	
80	倪洪校	男	浙江杭州	1922.01	1990	综合组织 （首届皋亭文化研究会主持工作、半山娘娘庙筹建与管理、"立夏日祭祖"和"送春迎夏"仪式策划、对外联络、志愿者组织、专题调研、材料申报、视频制作、照片摄影、公众号撰稿与编辑、财务管理等。）
81	倪洪祖	男	浙江杭州	1924.02	1990	
82	许继成	男	江苏吴江	1920.12	1990	
83	倪金莲	女	浙江杭州	1921.01	1990	
84	蔡德元	男	浙江东阳	1922.01	1990	
85	倪爱仙	女	浙江杭州	1935.05	1993	

86	倪连庆	男	浙江杭州	1943.01	1991	综合组织 （首届皋亭文化研究会主持工作、半山娘娘庙筹建与管理、"立夏日祭祖"和"送春迎夏"仪式策划、对外联络、志愿者组织、专题调研、材料申报、视频制作、照片摄影、公众号撰稿与编辑、财务管理等。）
87	王桂珍	女	浙江杭州	1944.01	1992	
88	倪有根	男	浙江杭州	1951.02	1993	
89	倪云炳	男	浙江杭州	1940.03	1998	
90	杨玲娣	女	浙江杭州	1949.04	2007	
91	李红妹	女	浙江杭州	1971.12	2007	
92	倪金仙	女	浙江杭州	1957.09	2014	
93	卢永高	男	浙江杭州	1942.01	2016	
94	徐菊芳	女	浙江杭州	1971.01	2016	
95	顾益民	男	浙江杭州	1948.07	2016	
96	杨月芳	女	浙江杭州	1983.09	2017	
97	潘朝锋	男	浙江嵊州	1982.01	2019	
98	倪　蔚	女	浙江杭州	1977.01	2021	
99	顾　磊	女	浙江杭州	1985.06	2022	

[贰] 保护措施与发展愿景

以立夏文化为内核的民俗活动，包含了物质创造和精神追求，既体现了社会文化的发展历程，又反映出民众对美好生活的向往。保护传承好半山立夏习俗，讲好拱墅故事，对拱墅区的经济、社会和文化发展，以及精神文明建设有着极为重要的意义，也将为绘就大运河文化新画卷增添浓墨重彩的一笔。

（一）重在凝聚合力

拱墅区已列入浙江省"大运河文化传承生态保护区"，拥有相对系统、完整的非物质文化遗产保护网格和政策支撑，为半山立夏习俗提供了一个良好的保护传承生态环境。按照区指导、街道与社区保障、群众自主参与的方式实行有效保护，在整体性保护中实现可持续发展。

拱墅区政府先后出台《关于加强拱墅区非物质文化遗产保护工作的意见》《关于进一步加强拱墅区非物质文化遗产保护发展工作的意见》等政策，已逐步形成非物质文化遗产保护、传承、利

半山立夏习俗保护专家座谈会

用工作由政府统一领导、各部门协同推进、全社会共同参与的发展导向，并在政策、经费上予以保障。同时成立全区文化工作领导小组，设立区文物和非物质文化遗产保护中心，加强保护工作的引导和指导，并组建拱墅区非物质文化遗产保护志愿者组织。由政府主办立夏节活动，从小到大，从有到强，引导民众积极主动参与。拱墅区皋亭文化研究会已成为半山立夏习俗保护单位和主要传承群体，每年立夏节活动承担"送春迎夏"和烧乌米饭等。参与的社会志愿者达 300 余人次，共同开展研究、组织、实施和宣传等工作，不断推进半山立夏习俗的保护传承。

（二）重在积累成果

拱墅区政府高度重视非物质文化遗产保护工作，由半山街道牵头，实施了全面调查与专项调查相结合的调研工作。到图书馆、博物馆等场所，查阅与半山立夏习俗相关的节气资料并复印留档，还对相关人员进行采访并全程录像录音，以及通过传承团队层面联系相关保护社区进行交流学习，互通经验。有针对性、精准化地对半山立夏习俗活动的"送春迎夏"仪式进行数字化影音采集，并对祭祀仪式使用的相关物品进行拍照建档存档。通过专业调查、专人管理和专场存档，把相关的图文、音视频和实物等资料统一收集管理。还与高校建立合作，规范半山立夏习俗活动仪式流程，查找相关实物及历史文献，收集整理半山立夏相关故事、传说、

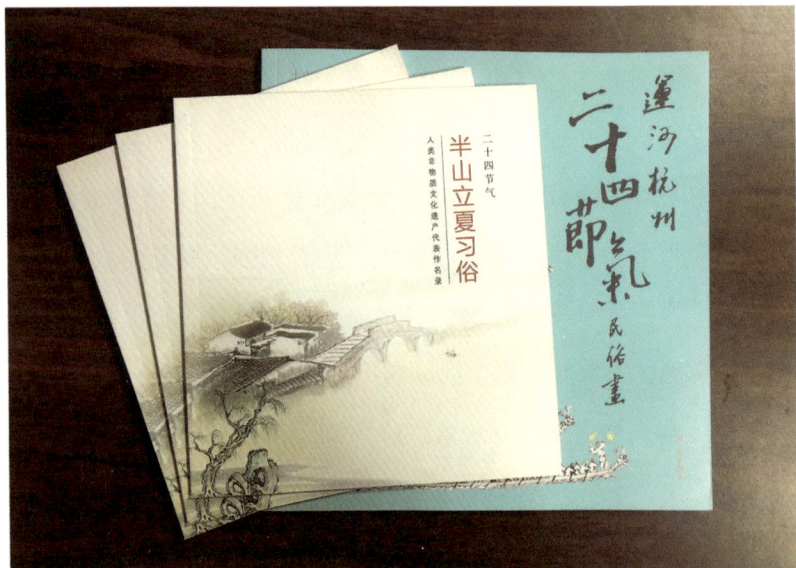

编辑出版的相关画册

歌谣和楹联等。制作出版了大量有关半山立夏习俗的音像制品和书籍，已出版《半山立夏习俗》《半山乌米饭》《运河杭州二十四节气民俗画》《非遗在拱墅》和《半山娘娘》等等。

调查研究、收集整理工作还将继续，不断充实完善项目档案，实现科学化和规范化管理。加强专业性研究，进一步增强专家力量，在专家指导下开展半山立夏习俗的研究和保护工作。依托辖区内的浙江省非物质文化遗产文献馆，开展节气文献资料的收集和研究工作。通过专题论坛和沙龙等载体，开展二十四节气相关学术研讨，不断积累研究成果。

2021大运河节气文化与旅游融合高峰论坛开幕

（三）重在传承保护

半山立夏习俗蕴含着半山民众历久弥新的精神寄托和追求，持续挖掘半山传统历史文化，构建好传承保护体系，并继承弘扬这一优秀传统文化，才能守护好我们的精神家园。

1. 群体化传承。非物质文化遗产的代际传承非常重要，最重要的是培养传承人，建立代表性传承人梯队。半山立夏习俗活动主要举办地在半山娘娘庙周边，组织和参与者主要是拱墅区皋亭文化研究会成员，以及半山倪氏居民及本地民众，目前已有省级和区级代表性传承人各1人。未来要吸引更多有情怀、有能力和

半山立夏习俗之群体传承人正在祭祀活动中

有号召力，且愿意奉献的年轻人加入传承人队伍，并分层次进行有效培养，让其充分掌握半山立夏习俗活动的传统和仪轨，更好地传承与发展半山立夏习俗文化。

2. 青少年传承。古之君子道，今之青年行。青少年是传统文化传承的主体构成，是非物质文化遗产传承保护的生力军。以青少年为核心，开展节气文化进校园、进教材和进课堂等活动，以教育推动传承。拱墅区开展非物质文化遗产教育研究，推进非遗进校园的系列化、体系化，已覆盖到幼儿园、小学、中学、高等院校和社会培训机构等，二十四节气以故事、手工艺等不同的形

进校园开展立夏习俗讲座

式进入校园。半山街道与辖区中小学校共建联建网络，将半山立夏习俗保护传承工作纳入年度合作清单，利用假日小队、社会实践等载体，在非遗活态体验工作室开展宣传体验活动，特别加入了青少年喜欢的 DIY 活动，开展绘制泥猫、串蚕豆串等小游戏课堂，让青少年在"动手做"中了解半山立夏习俗。未来将继续深化非物质文化遗产教育，通过半山立夏习俗课程体验，让更多的青少年了解传统文化，推动非物质文化遗产传承教学，使半山地域文化之魂扎根于青少年的心田之中，让文化自信更加坚定。

3. 社会化普及。推出非物质文化遗产旅游路线，推动半山立夏习俗在全社会更为广泛的传承与延续。每年的 5 月立夏时节，正是半山踏青赏花的最佳季节，组织游客观光半山国家森林公园、品尝乌米饭和野米饭、观看"送春迎夏"仪式和具有民俗特色的表演，逛半山娘娘庙会。丰富的立夏节气活动内容，让更多的游客参与其中，以增强他们对传统节气的认知和理解，进一步推动普及。

望宸阁下挤满了参加立夏节活动的人群

（四）重在宣传推广

整合社会宣传资源，构建多种宣传载体，开展多种形式的传播推广。

1. 传播矩阵。积极创建"运河南"拱墅文旅品牌体系，延伸了非物质文化遗产传播宣传矩阵，每逢各节气日发布节气知识介

非遗文献馆开展"二十四节气"主题故事活动   半山立夏习俗H5小游戏

绍、节气歌谣、小故事、小游戏和主题绘本阅读等，发挥了宣传平台传播功能。开发制作了立夏习俗 H5 小游戏，通过线上闯关，让更多的民众了解二十四节气知识和半山立夏习俗的内容。半山街道和皋亭文化研究会的公众号，也开展了半山立夏习俗系列报道宣传，制作了短视频，介绍半山立夏习俗和二十四节气主题公园。还尝试设计制作了半山立夏习俗数字藏品，让更多的年轻人了解传统习俗。

今后，拱墅区将进一步拓宽传播渠道，以微信公众号、抖音、专业群、自媒体、第二课堂实践基地和研学基地等平台，构建全媒体传播矩阵。创作二十四节气歌曲、故事和舞蹈等，获得更好

的社会传播效果。与此同时，依托数字化和新科技，探索创新性转化，将二十四节气与传统工艺相结合，引导文创企业共同参与、开发立夏节气系列文创产品并走向市场，以全新的视角解读半山立夏习俗，推动传统文化融入现代生活，打造节气特色 IP，让二十四节气与老百姓生活更贴近，更加喜闻乐见。

2. 专题展示。每年立夏节，拱墅区还在运河文化广场、各个历史街区，组织"节气＋传统工艺"为主题的非遗市集和展览。在广场展示"二十四节气"代表性社区节气图板，让观众在认知中国二十四节气丰富文化内涵的同时，又能对全国不同地区的节

在运河文化广场的立夏宣传活动

立夏海报展进社区

气习俗有所了解。2019年立夏节，在拱墅区的小河直街、大兜路历史街区和大悦城等地，开设"半山立夏节气"海报展，用更"潮"的方式吸引更多年轻人感受和体验传统节气文化。

　　3. 讲好故事。2018年，落户在拱墅区的浙江省非物质文化遗产文献馆举行了二十四节气珍藏版借阅卡首发仪式。二十四节气珍藏版图书借阅卡极具收藏价值，其正面印有国家级非物质文化遗产代表性项目"雕版印刷"的二十四节气图案，图案中蕴含了古代中国最重要的节日、节气。珍藏版借阅卡的背面印有该卡的卡号和使用说明，卡号也有着特殊意义，为十位数段号，前两位数字代表节气，末三位数字代表张数。在每个节气日前夕，向社

2018年，非遗文献馆"二十四节气图书借阅珍藏卡"开卡仪式

非遗文献馆节气借阅珍藏卡

会限量发行珍藏卡，有效地提高了二十四节气在现代社会的普及传播。

2019 年，在中国农业博物馆的组织下，拱墅区非物质文化遗产中心组织编写了《人类非物质文化遗产代表作二十四节气科普丛书——半山立夏》。2021年特别录制了该书的有声读物，在喜马拉雅平台上线。另外，还制作了二十四节气主题有声读物墙，读者既可以借阅实体书，也可以用微信扫一扫"云听非遗"。

二十四节气有声读物

　　4.阵地建设。拓展平台载体，建设宣传展示阵地，进行常态化宣传推广。浙江省非物质文化遗产文献馆开设"二十四节气"专区，展示有二十四节气民俗画、称人体验区、二十四节气主题书柜等。半山街道建设了近300平方的展陈中心，将半山立夏习俗的由来、历史变迁、保护传承成效等方面——做了展示，并定期开展免费宣讲活动，向民众宣传半山立夏习俗等民俗文化。2019年，在国家森林公园半山娘娘庙南面打造了二十四节气主题公园，设有立夏称人雕塑、二十四节气铜匾等，还用24面石板，刻写节气简介，有助于游客了解与认识传统文化，也通过"一景、

非遗文献馆二十四节气专区

半山非遗展陈中心展示立夏内容

二十四节气公园立夏称人雕塑

四季、二十四节气"，留住农耕文明，唤醒乡愁记忆。全方位的宣传展示，形成持续传播氛围，让更多民众遇见并热爱优秀传统文化。

2022年底，半山街道对半山娘娘庙周边区域综合提升改造工程已正式动工，整个提升改造工程涉及总面积超1.3万平方米，包含立夏文化广场周边环境提升改造、半山娘娘庙建筑修缮等，新建立夏民俗园、停车场等。各个区域有明确功能区分，建成后将成为每年半山立夏民俗活动"送春迎夏"仪式场地，平时也作为展示以立夏为主要内容的半山民俗文化的重要阵地。立夏民俗园以互动体验为主，可以烧乌米饭和野米饭；农耕体验园计划种植

半山立夏文化广场（效果图）

半山立夏文化广场（效果图）

南烛树、雷竹、豌豆、蚕豆等植物，在平时不仅作为景区一个互动体验点，增加参与性，还可以为半山立夏习俗活动提供物料。立夏民俗园和农耕体验园将成为以立夏为核心的半山传统文化展示的有形载体，在已有经验的基础上，丰富活动内容，创新活动形式，拓展活动范围，让展示与体验更有厚重感和趣味性，让民

半山立夏文化广场（效果图）

众能够更直观了解到节气知识和传统文化，让半山立夏习俗真正成为融入生活，融入旅游的地方文化金名片。

附录

[壹] 二十四节气及其他相关谚语

中国二十四节气分别为：立春、雨水、惊蛰、春分、清明、谷雨、立夏、小满、芒种、夏至、小暑、大暑、立秋、处暑、白露、秋分、寒露、霜降、立冬、小雪、大雪、冬至、小寒、大寒。

中国人的"二十四节气"入选了人类非物质文化遗产代表作名录，这是国人骄傲，是先民智慧，是时令指南，亦是生活美学。在半山立夏习俗传承地，民间有许多八九十岁的老人还能背下许多二十四节气谚语，经多方采集记录整理如下：

立春（正月节，2月4日或5日）

初三太阳，初六雪（正月）；上看初三，下看十六（每月）。

踏雪迎春，大熟年成。

最好立春晴一日，农夫不用力耕田。

春不减衣，秋不戴帽。

立春雨水到，早起晚睡觉。

立春之日雨淋淋，阴阴湿湿到清明。

年逢双春雨水多，年逢无春好种田。

春东风，雨祖宗，夏东风，燥松松。

春争日，夏争时，一年大事不宜迟。

雨水（正月中，2 月 19 日或 20 日）

春雨贵如油。

雨水明，夏至晴。

雨水不落，下秧无着。

雨水节，雨水代替雪。

雨水淋带风，冷到五月中。

雨打雨水节，二月落不歇。

雨水东风起，伏天必有雨。

麦子洗洗脸，一垄添一碗。

雨水落了雨，阴阴沉沉到谷雨。

雨水有雨庄稼好，大春小春一片宝。

七九八九雨水节，种田老汉不能歇。

雨水到来地解冻，化一层来耙一层。

雨打五更头，午时有日头。

雨水有雨，一年多水。

白天下雨晚上晴，连续三天不会停。

隔夜落雨到天明，气死两个懒惰人。

惊蛰（二月节，3 月 5 或 6 日）

春雷响，万物长。

未到惊蛰先打雷，四十九天云不开。

冷惊蛰，暖春分。

惊蛰吹起土，倒冷四十五。

惊蛰一声雷，蛇虫百脚都出来。

惊蛰打雷谷米贱。

惊蛰刮北风，从头另过冬；惊蛰吹南风，秧苗迟下种。

惊蛰不耙地，好像蒸锅跑了气。

二月莫把棉衣藏，三月还下桃花雪。

春分（二月中，3 月 20 或 21 日）

二月二，吃了青塌饼，晴天落雨要出门。

二月二龙抬头。

二月二，煎糕炒豆儿。

二月杏花八月桂，三更灯火五更鸡。

春分雨不歇，清明前后有好天。

春分早报西南风，台风虫害有一宗。

春分阴雨天，春季雨不歇。

春分秋分，昼夜平分。

春分到，蛋儿俏。

春困秋乏夏打盹，睡不醒的冬三月。

清明（三月节，4 月 4 日或 5 日）

二月清明菁当宝，三月清明菁是草。

二月清明一片青，三月清明草不生。

三月廿八阴雨天，鲶鱼游到灶头边。

大雁不过九月九，小燕不过三月三 。

燕来不过三月三，燕走不过九月九。

三月三日落，落到茧头白。

三春戴荠花，桃李羞繁华。

三月三日晴，晴到翻芋艿。

天无一月雨，人无一世穷。

三月三，黄沙落半山。

有雨山戴帽 ，无雨云拦腰 。

清明前后，栽瓜种豆。

种瓜得瓜，种豆得豆。

清明不戴柳，红颜成皓首。

吃了清明狗，一年健到头。

清明不落雨，稻麦出不齐。

清明无雨旱黄梅，清明有雨水黄梅。

清明断雪，谷雨断霜。

清明螺，赛只鹅。

谷雨（三月中，4 月 20 日或 21 日）

三月雨，贵似油；四月雨，好动锄。

谷雨麦挑旗，立夏麦头齐。

谷雨谷雨，采茶对雨。

谷雨种上蕃薯秧，一棵能得一大筐。

春雾雨，夏雾热，秋雾凉风，冬雾雪。

三月三梅子尝咸淡，荠菜花儿上灶山。

清明不怕晴，谷雨不怕淋。

谷雨到，布谷叫；前三天叫干，后三天叫淹。

谷雨是旺汛，一刻值千金。

东家西家罢来往，头发不梳一月忙（养蚕）。

立夏（四月节，5 月 5 日或 6 日）

春雾雨，冬雾雪；秋雾老虎来，夏雾跳落井。

知了儿叫，石板儿跳，倒灶郎中坐八轿。

立夏树叶响，一片桑叶一片鲞。

立夏尝五谷，一串蚕豆一口香。

做天难做四月天，蚕要温和麦要寒，行人望晴农望雨，采桑娘子望阴天。

四月四，杀只鸡儿请灶司。

立夏小满青蛙叫，雨水也将到。

立夏开秧门，夏至见稻娘。

立夏雷，六月旱。

立夏落雨，谷米如雨。

东风急溜溜，难过五更头。

晴天落白雨，乌龟躲在箬帽里。

泥鳅跳，雨来到；泥鳅静，天气晴。

每逢四月八，毛虫多出嫁。嫁在深山里，永不回娘家。

立夏麦龇牙，一月就要拔。

立夏麦咧嘴，不能缺了水。

立夏前后，种瓜点豆。

立夏栽稻子，小满种芝麻。

立夏不下，小满不满，芒种不管。

立夏不下雨，犁耙高挂起。

立夏雨少，立冬雪好。

立夏日下雨，夏至少雨。

立夏小满田水满，芒种夏至火烧天。

立夏雨，涨大水。

立夏下雨，九场大水。

立夏晴，雨淋淋。

立夏日晴，必有旱情。

立夏日鸣雷，早稻害虫多。

立夏不热，五谷不结。

立夏到夏至，热必有暴雨。

立夏后冷生风，热必有暴雨。

立夏汗湿身，当日大雨淋。

立夏蛇出洞，准备快防洪。

立夏小满青蛙叫，雨水也将到。

立夏小满，江河水满。

立夏见夏，立秋见秋。

小满（四月中，5月21日或22日）

四月插秧谷满仓，五月插秧一场光。

小满大满江河满。

小满无雨，芒种无水。

小满不满，麦有一险；小满小满，麦粒渐满；小满无雨，芒种无水；小满不满，无水洗碗。

小满开花芒种结，夏至好吃毛豆结。

芒种（五月节，6月5日6日）

五月不剃头，剃个癞痢头。

黄梅天，十八变。

芒种芒种，样样要种。

芒种日晴热，夏天多大水。

芒种火烧天，夏至雨涟涟。芒种火烧天，夏至水满田。芒种火烧天，夏至雨淋头。

芒种前，忙种田；芒种后，忙种豆；芒种不种，再种无用。

芒种插秧谷满尖，夏至插的结半边。

夏至（五月中，6 月 21 日或 22 日）

夏至有风三伏冷。

夏雨隔牛背。

东虹日头，西虹雨。

夏至大烂，梅雨当饭。

夏至下雨十八河。

夏至落大雨，八月涨大水。

夏雨隔田板，秋雨隔灰堆。

日长长到夏至，日短短到冬至。

头伏火腿，二伏鸡，三伏吃个金银蹄；头伏冬瓜，二伏茄，三伏南瓜不刨皮。

冬吃萝卜夏吃姜，郎中先生卖老娘。

桃饱李伤人，李子下底埋死人。

人养人皮搭骨，天养人活络络。

头伏日头，二伏火，三伏无处躲。

夏至棉田草，胜似毒蛇咬。

小暑（六月节，7 月 7 日或 8 日）

夏至杨梅满山红，小暑杨梅出蛆虫。

六月不打扇，田稻收一半。

小暑不见日头，大暑晒开石头。

小暑热得透，大暑凉飕飕。

小暑凉飕飕，大暑热熬熬。

凉不过弄堂风，香不过韭菜葱

晴天带伞，肚饱带饭。

小暑一声雷，十八黄梅倒转来。

六月六猫狗来汰浴。

六月里的日头，满（后）娘的拳头。

夏雾醒，跳落井。

燕子低飞蛇过道，蚂蚁搬家雨就到。

夏天不锄地，冬天饿肚皮。

七月十二接祖宗，西瓜老藕瞎莲蓬。

大暑（六月中，7 月 23 或 24 日）

大暑热不透，大热在秋后。

大暑不暑，五谷不鼓。

大暑小暑，淹死老鼠。

大暑连天阴，遍地出黄金。

小暑雨如银，大暑雨如金。

大暑热，田头歇；大暑凉，水满塘；小暑大暑，上蒸下煮。

大暑前后，热死泥鳅。

大暑热得慌，四个月无霜。

大暑不热，冬天不冷。

立秋（七月节，8月7日或8日）

中伏萝卜末伏菜，立秋前后大白菜。

六月六秋，早收晚丢。

六月秋，提前冷；七月秋，推迟冷。

立秋节日雾，长河做大路；立秋响雷公，秋后无台风。

上午秋，凉飕飕；下午秋，热死牛。

睁眼秋，早早丢；闭眼秋，涝不休。

一场秋雨一场寒；十场秋雨换上棉。

立秋有雨样样收，立秋无雨是空秋。

早晨立秋凉飕飕，晚上立秋热死牛。

早稻不过立夏关；晚稻不过立秋关。

处暑（七月中，8月23或24日）

七月半，芋艿蒲头挖挖看。

处暑落了雨、秋季雨水多；处暑雷唱歌，阴雨天气多。

处暑若逢天下雨，纵然结实也难留。

处暑当天雨，粒粒皆是米。

伏天热得很，冬天冻断筋。

处暑出伏前，必定是灾年

处暑天还暑，仍有秋老虎

处暑有雨十八江，处暑无雨干断江。

白露（八月节，9月7日或8日）

八月十五晴，正月十五看龙灯。（指次年而言）

白露身不露，寒露脚不露；白露身不露，赤膊当猪猡。白露白弥弥，秋分稻透齐。

寒露无青稻，霜降一齐倒。

喝了白露水，蚊子闭了嘴。

白露秋分夜，一夜凉一夜。

白露东南风，秋后雨蒙蒙。

早白露，湿漉漉；晚白露，凉飕飕。

处暑高粱白露谷。

白露早，寒露迟，秋分种麦正当时。

白露过秋分，农事忙纷纷。

草上露水凝，天气一定晴。

草上露水大，当日准不下。

夜晚露水狂，来日毒太阳。

秋分（八月中，9 月 23 日或 24 日）

吃了秋分饭，一天短一线。

夏忙半个月，秋忙四十天。

秋分不宜晴，微雨好年景。

秋分白露夜，一夜冷一夜。

秋分有雾，三九有雪。

秋风西北风，腊月多雨雪。

秋分稻见黄，大风要提防。

秋分日晴，万物不生。

秋东风，晒煞湖底老虾公。

抢秋抢秋，不抢就丢。

秋分白云多，处处好田禾。

寒露（九月节，10 月 8 日或 9 日）

重阳无雨一冬晴。

九月十三晴，皮匠老娘要嫁人；九月十三落，皮匠老娘要吃肉。

九月十三晴，钉鞋挂断绳；九月十三落，卖伞娘子戴金镯。

寒露过三朝，过水要寻桥。

寒露十月已秋深，田里种麦要当心。

寒露到，割晚稻；霜降到，割糯稻。

寒露降了霜，一冬暖洋洋。

寒露到，添衣裳。

人怕老来穷，禾怕寒露风。

霜降（九月中，10 月 23 日或 24 日）

九月霜降无霜打，十月霜降霜打霜。

霜降不摘柿，硬柿变软柿。

霜降打了霜，来年烂陈仓。

霜降拔葱，不拔就空。

霜降萝卜，立冬白菜，小雪蔬菜都要回来。

九月霜降天不冷，十月霜降地极寒。

霜降不摘棉，霜打莫怨天。

严霜出毒日，雾露是好天。

霜降前降霜，挑米如挑糠；霜降后降霜，稻谷打满仓。

棉是秋后草，就怕霜来早。

迎伏种豆子，迎霜种麦子。

霜冻格格响，萝卜日夜长。

立冬（十月节，11 月 7 日或 8 日）

立冬晴，晴一冬；立冬雨，一冬雨。

立冬落雨会烂冬，吃得柴尽米粮空。

立冬西北风，来年五谷丰；立冬东北风，冬季好天空。

立冬冬补，不吃嘴空。

立冬之日起大雾，冬水田里点萝卜。

立冬北风冰雪多，立冬南风无雨雪。

西风响，蟹脚痒，蟹立冬，影无踪。

立冬种豌豆，一斗还一斗。

立冬雪花飞，一冬烂泥堆。

立冬有食补，春来勇如虎。

立冬雷隆隆，立春雨濛濛。

小雪（十月中，11 月 22 日或 23 日）

冬天打雷雷打雪。

冬天打雷，死尸打堆。

小雪雨夹雪，无休也无歇。

小雪大雪不见雪，小麦大麦粒要瘪。

小雪不见雪，腊月屋里歇。

冬雪是个宝，春雪是根草。

小雪有雨十八天雨，小雪无雨十八天风。

小雪见晴天，有雪到年边。

小雪收葱，不收就空。

小雪雪满天，来年必丰年。

十月十六晴，交春落雨到清明。

十月十六打一霜，新谷陈米压满仓。

大雪（十一节，12 月 7 日或 8 日）

大雪不冻倒春寒。

大雪下雪，来年雨不缺。

大雪河封住，冬至不行船。

冬季雪满天，来岁是丰年。

大雪兆丰年，无雪要遭殃。

小雪腌菜，大雪腌肉。

小雪封地，大雪封河。

冬天进补，开春打虎。

三九补一冬，来年无病痛。

冬吃萝卜夏吃姜，医生撇掉红药箱。

冬至（十一月中，12 月 21 日或 22 日）

冬至月初，石头冰酥；冬至月中，赤屁股过冬；冬至月底，卖牛买被。

一九二九不出手；三九四九冰上走；五九六九看杨柳；

七九河开；八九雁来；久久加一九；耕牛遍地走。

晴冬至，烂年边；雨冬至，晴一冬。

干净冬至邋遢年，邋遢冬至晴过年。

冬至大如年。

冬至前后，洒水不转。

冬至一声雷，年来收成定有亏。

冬至落雨星不明，大雪纷纷步难行。

冬至西北风，来年干一春。

冬至头，天气暖；冬至中，天气冷；冬至尾，冷得迟。

小寒（十二月节，1 月 5 日或 6 日）

夹雨夹雪，冻杀老鳖。

小寒大寒不下雪，小暑大暑田开裂。

小寒大寒，冷成冰团；小寒不寒，清明泥潭。

小寒大寒寒得透，来年春天天暖和。

三九四九，冻破石臼。

三九四九，冰上走。

腊七腊八，冻死寒鸭。

腊月三场白，来年收小麦。

腊月大雪半尺厚，麦子还嫌被不够。

小寒胜大寒，常见不稀罕。

春吃花，夏吃叶，秋吃果，冬吃根。

大寒（十二月中，1 月 20 或 21 日）

九九落雪，河底开裂。

大寒不见雪，包谷结半节。

大寒不刮风，来年一场空。

小寒大寒，杀猪过年；过了大寒，又是一年。

不怕冬月三一阴，只怕大寒满天星。

大寒一夜星，谷米贵如金。

大寒天气暖，寒到二月满。

南风送大寒，正月赶狗不出门。

大寒不寒，人马不安；大寒不冻，冷到芒种。

大寒在月中，明春冷得凶。

雪笼大小寒，明年是丰年。

（整理：沈永良）

［贰］半山（皋亭山）土物诗选

茶 子

清 翟樊

昔数香林茶，今称龙井莽。

地望悉城西，城东著名鲜。

不知其种子，乃在半山选。

俗何味本初，第羡所播衍。

杨 梅

清　郑文灏

向说杨家果，盛称皋亭山。

檀园著咏后，阒绝百岁间。

土性既相宜，风物当更还。

分曹赋方产，此题未可删。

香 桃

清　翟樊

皋亭比绥山，果食颇足豪。

露桃十余种，一种价特高。

馨香过橘柚，齿颊风骚骚。

降此更数珍，十月荐寒桃。

桑 椹

清　黄基

芃桑接阴阴，嘉实缀戢戢。

初悬火齐珠，渐熟元玉粒。

鸤鸠醉饱余，挈篮儿共拾。

方书授村翁，日饮三升汁。

凫茈（荸荠）

清　浦象坤

下田余膏腴，累累种乌芋。

抽茎缀翠须，结脐饱琼露。

登盘冰雪清，谁料出淀污。

嗜好匪惟人，凫来不飞去。

枇杷

清　胡友龙

炎果产栖水，迁地胡弗良。

颗颗著高树，色比黄金黄。

锡名自贾售，晚翠盈倾筐。

沾舟恣饱嚼，玉露零陂塘。

萝菔菜（萝卜菜）

清　沈梅

菜菔采下体，厥叶奔如遗。

曝干点吴盐，辛芳贮满瓻。

村家无旨蓄，一盘划粥时。

此腹真唐园，百蔬纳莫辞。

苦荬（苦菜）

清　李睿

苦荬生自野，其味真如荼。

亦有出于水，名类实则殊。

盐豉想可下，烟雨何须锄。

只愁妨浴蚕，丁宁戒小姑。

瓜秧

清　邱峻

东郭肖东陵，畦父播瓜种。

蝼蝈鸣桑阴，员甲生机涌。

嫩绿瓣双张，恍如蝶翅拱。

修茎未逶迤，儿童学排垄。

蟛蜞（石蟹）

清　邱峻

郭索集江沙，一蟹逊一蟹。

最下是蟛蜞，攒毛令人骇。

蛇眼脚蜘蛛，市尾倩谁买。

可惜蔡道明，委顿殊不解。

地滑沓

清 翟以彬

土膏积阴润，蒸气碧肤滑。

贫厨充庶羞，挈篮其俯掇。

脆柔比树耳，泽腻逾石发。

想由开劫初，地皮饼未歇。

蚕豆饭

清 倪一擎

樱笋入宝厨，豆煮瑯玕稻。

氉白粲云子，攒青染萱草。

何必春仙粮，知或掞天藻。

怕惹当筵欢，不将红豆恼。

南瓜饼

清 朱点

旨蓄谋御穷，阴瓜摘荒梗。

剖刀和粉华，蜡色制成饼。

翠釜蒸浮浮，水盘叠整整。

何事夸红蕴，风味擅乡井。

烘青豆

清　翟瀚

西风老豆房，青珠剖一掬。

待拨秦箸熏，先点吴盐漉。

新橙切黄香，加意发芳馥。

勿道宜酒边，茶事妙亦复。

蚕 花

清　翟以彬

吉日夏正三，言讨蚕花始。

蚕花何处开，春工寄女指。

一茎缀如蓼，插壁祝蚕子。

风信廿四番，分数愿相比。

泥 猫

清　翟以权

范土作狸奴，黝垩饰俨肖。

桃李清明时，列队半山庙。

虚威吓鼠辈，功策蚕室奥。

买附烧香舟，抵却裹盐抱。

苇帚

清　骆大宾

村人半山桥，苇莠缚成帚。

藉之扫疮痏，愿客持以叩。

一扫释侬愁，再扫净侬垢。

祷罢撒沙神，弃置等刍狗。

蚕帘

清　陈朝焜

萑苇刈仲秋，曲薄具春季。

豳风越俗沿，蔟下稳位置。

珍珠不御寒，水晶空照地。

谁似八蚕登，天下皆衣被。

炒蚕蛹

清　郑文灏

缫余蛹戈烂，讵堪备食单。

底复荡涤之，文火煏中干。

间闻尔雅注，炒用蟾蜍兰。

要知古先民，亦以佐夕餐。

糠 炭

清　黄　模

春蚕寒未眠，暖以煨余糠。

小姑量乌银，早起铺遽筐。

尚忆谷皮簸，不藉兽火扬。

如何卧雪者，冰炭各肺肠。

玉 粟

清　沈本义

修茎比玉蕈，嘉实同雕菰。

粲粲绽香粳，磊磊编圆珠。

先秋撷筠筐，洁釜炊山厨。

村师夸淹雅，能将御麦呼。

草 曲（药曲）

清　姚思勤

酒别材亦殊，众草聚为曲。

汁取葛根溲，丸比鹑卵育。

百和酿芳辛，五齐让甘馥。

笑彼称脾天，王醴不盈掬。

麦 烧

清 沈梅

和糵蒸来牟，升气化成酒。

开时香彻屋，斟处珠乱走。

荷池雨初过，移樽在北牖。

醉颂渔阳谣，风蝉响高柳。

白雩

清 骆大宾

白雩四月天，每出皋亭麓。

逸事等齐谐，传闻遍国族。

莫谓优笑资，民生关欣戚。

不见吴兴守，伐鼓张弓逐。

延 胡

清 陈朝焜

东皋有灵草，祛病著神功。

移根及寒露，擢秀当春风。

虞国乃远祖，龙洞亦本宗。

悉悉问医师，臭味将毋同。

络纬虫（纺织娘）

清　沈本义

秋风气催寒，秋河影射角。

谁家纺绩勤，清响出梦幄。

振羽迫终宵，懒妇梦屡觉。

多事小筠笼，贩买青林乐。

注：以上选自清朱点辑《东郊土物诗》，沈永良收集整理。

半山立夏习俗

主要参考书目

［壹］方志

《成化杭州府志》［明］成化十年（1474）知府陈让等修，夏时正等纂。浙江范懋柱家天一阁藏本。

《万历杭州府志》［明］万历七年（1579）知府刘伯绪等修，陈善纂。《中国地方志丛书·华中地方·第五十四号》影印本。

《康熙杭州府志》［清］清康熙三十三年（1694）李铎、汪爆等增补校正。本府藏版。

《乾隆杭州府志》［清］清乾隆四十九年（1784）知府郑沄修，邵晋涵等纂。《续修四库全书·史部·地理类》。

《光绪杭州府志》［清］清光绪五年（1879）知府龚嘉俊修，李榕等纂。民国十一年（1922）铅印本影印。《中国地方志丛书·华中地方·第一九九号》影印本。

《民国杭州府志》［清］陈璚修，王棻纂；屈映光续修，陆懋勋续纂；齐耀珊重修，吴庆抵重纂。清光绪二十年（1898）修，民国五年（1916）续修。民国十一年（1922）铅印本影印。

《民国杭州新志稿》［民国］民国三十七年（1948）杭州民生

中学校长干人俊纂编。《杭州史地丛书》第一辑，1983 年杭州图书馆整理。

《康熙仁和县志》［清］知县赵世安修，顾豹文、邵远平纂。清康熙二十六年（1687）刻本影印。

《嘉靖仁和县志》［明］嘉靖二十八年（1549）沈朝宣纂修。余杭区地方志编纂委员会办公室整理、浙江古籍出版社出版，2011 年。

［贰］专著

《武林梵志》［明］吴之鲸撰。编入《杭州佛教文献丛刊》第一册，杭州出版社，2006 年。

《湖壖杂记》［清］陆次云撰。清康熙四十四年（1705）刻本。

《杭俗遗风》［清］范祖述撰。清同治六年（1867）刻本。

《湖墅小志》［清］高鹏年撰。清光绪二十二年（1896）石印本。

《临平记再续》［清］陈棠、姚景瀛编辑。上海书店，1992。

《说杭州》钟毓龙著、钟肇恒增补。浙江古籍出版社，2016 年。

《二十四节气研究文集》中国农业博物馆编。中国农业出版社，2019 年。

《节气 中国人的光阴书》任崇喜著。河南大学出版社，

2016 年。

《四季拱墅　立夏》杭州市拱墅区文化和广电旅游体育局，2021 大运河节气文化与旅游融合高峰论坛观点阐述，2021 年。

《中华传统民俗礼仪》王作楫、王臻、贺艳春编著。气象出版社，2015 年。

《拱墅非物质文化遗产图说生生不息》《拱墅运河文化丛书》编辑委员会。新星出版社，2008 年。

《运河南端草根谭》许明主编。中国书籍出版社，2011 年。

《半山记忆》许明主编。杭州出版社，2014 年。

后记

　　送春迎夏，万物并秀。半山立夏习俗根植于文化底蕴深厚的拱墅半山一带，萌芽于蚕桑生产和娘娘信俗的繁盛发展之际，成长于以拱墅区皋亭文化研究会为代表的广大民众的齐心守护，滋养于各级各部门的合力保护，迎来了夏的枝繁叶茂。

　　参与半山立夏习俗的保护工作中，感动于一代代半山人的情怀初心和努力坚守。本书的编撰，凝结了很多人的心血，在梳理总结中致敬过往，期待未来。

　　拱墅区文化和广电旅游体育局对本书编撰十分重视，区文物和非物质文化遗产保护中心牵头组建了编写小组，多次召开专题座谈会，半山街道提供了相关图文资料。拱墅区皋亭文化研究会的乡土专家都参与了项目的调查挖掘和收集整理工作，新老会长倪爱仁、倪爱勇鼎力相助，全程参与；理事朱宝华对人文地理和主要内容等部分进行了修改完善；秘书长倪齐英对传承谱系内容进行了整理制表。摄影家顾益民、钟黎明、余文华、王戈、孔顺祥、杨月芳、章知建、李忠、仲文等同志提供了大量相关照片，羊伯福绘制了《娘娘画像》、赵建华绘制了《半山皋亭风情图》。

还有一些资料、照片，因年代久远，来源不一，无法一一注明，在此谨向提供资料的朋友们致谢！还要感谢非遗专家林敏老师认真审稿，多次提出了宝贵的修改意见。

由于民间习俗正式记载较少，多为口传记录，本书虽数易其稿，反复修改，疏漏和错误之处仍难免，敬请读者批评指正。半山立夏习俗传承还在继续，未来更加精彩！

编著者

2023 年 1 月

图书在版编目（CIP）数据

半山立夏习俗 / 文闻，沈永良编著 . -- 杭州：浙
江古籍出版社，2024.5
（浙江省非物质文化遗产代表作丛书 / 陈广胜总主
编）
ISBN 978-7-5540-2845-2

Ⅰ . ①半… Ⅱ . ①文… ②沈… Ⅲ . ①二十四节气—
风俗习惯—杭州 Ⅳ . ① K892.18

中国国家版本馆 CIP 数据核字 (2023) 第 252883 号

半山立夏习俗

文闻　沈永良　编

出版发行	浙江古籍出版社
	（杭州市环城北路177号　电话：0571-85068292）
责任编辑	姚　露
责任校对	张顺洁
责任印务	楼浩凯
设计制作	浙江新华图文制作有限公司
印　　刷	浙江新华印刷技术有限公司
开　　本	960mm×1270mm 1/32
印　　张	6.375
字　　数	150千字
版　　次	2024 年 5 月第 1 版
印　　次	2024 年 5 月第 1 次印刷
书　　号	ISBN 978-7-5540-2845-2
定　　价	68.00 元

如发现印装质量问题，影响阅读，请与本社市场营销部联系调换。